Mathematik 3

Kompetent AUFSTEIGEN ...

3. Klasse AHS • NMS

Lösungen

G&G

Die vier Grundrechnungsarten

Seite 8

Die vier Grundrechnungsarten

(1) a) Ü: 7 + 1 – 1 – 5 = 2 Ergebnis: 2,5 b) Ü: 30 – 10 + 4 – 5 =19 Ergebnis: 17,3

(2)
- ☐ 35,7 – (18,9 + 34,2) – (9,1 – 18,7)
- ☒ (35,7 + 34,2) – (18,9 + 9,1 + 18,7) = 23,2
- ☐ (35,7 – 18,9 + 34,2) – (9,1 – 18,7)

(3) a)

115,83	+	61,75	+	378,06	=	555,64
78,4	+	519,56	+	31,9	=	629,86
67,23	+	307,76	+	78,5	=	453,49
261,46	+	889,07	+	488,46	=	1638,99

b) Das Ergebnis ist 1 638,99. Es ist das gleiche Ergebnis wie in a).
In a) werden Teilsummen aller Zahlen gebildet und dann addiert, mit dem TR werden alle Zahlen auf einmal addiert.

(4) a) 70,153 Ü: 45 · 2 = 90 b) 8 606,92 Ü: 400 · 20 = 8 000
c) 18 981,9 Ü: 200 · 80 = 16 000

(5) a) 3,32 R: 0,0752 Ü: 80 : 20 = 4 b) 4,02 R: 1,974 Ü: 1 000 : 200 = 5
c) 2,17 R: 3,204 Ü: 1 200 : 600 = 2

Seite 13

Verbindung der vier Grundrechnungsarten

(1) a) 121,58 Ü: (80 + 10) · 2 – 50 = 130 b) 122,28 Ü: 140 – (10 – 6) · 3 = 128

(2) a) 85,635 b) 94,7068

(3) a) $\frac{29}{10} = 2\frac{9}{10}$ b) $\frac{13}{5} = 2\frac{3}{5}$ c) $\frac{161}{20} = 8\frac{1}{20}$ d) $\frac{13}{7} = 1\frac{6}{7}$

(4) a) $8\frac{1}{3}$ b) $\frac{2}{3}$ c) $11\frac{1}{24}$

Ganze Zahlen

Seite 16

Positive und negative Zahlen

(1)

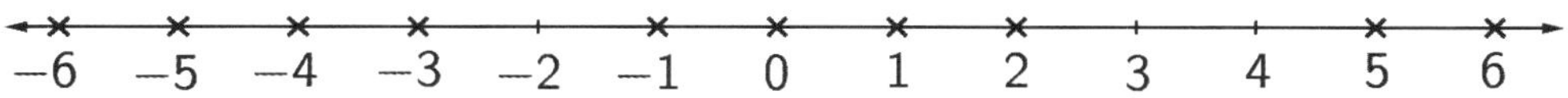

(2) –17 < –9 < –4 < –1 < +2 < +3 < +6 < +8

(3) Am kältesten ist es in **Wien**.

In Innsbruck ist es um **5** ° C **wärmer** als in Wien.

In Klagenfurt ist es um **1** ° C wärmer als in **Wien**.

In Salzburg ist es wärmer als in **Klagenfurt und Wien** und kälter als in **Innsbruck**.

Am nächsten Tag ist die Temperatur in Wien um 3° C gestiegen, in Innsbruck um 5° C gefallen. In Wien hat es nun **2** ° C, in Innsbruck **–1** ° C.

(4) Ein Thermometer zeigt (1) +5° C, (2) 0° C, (3) –1° C (4) –4° C. Ergänze!

	Temperatur steigt um		Temperatur fällt um	
	3° C	5° C	2° C	4° C
+5° C	+8° C	+10° C	+3° C	+1° C
0° C	+3° C	+5° C	–2° C	–4° C
–1° C	+2° C	+4° C	–3° C	–5° C
–4° C	–1° C	+1° C	–6° C	–8° C

(5) **a)** –9, –8, –7 **b)** –1, 0, 1 **c)** –101, –100, –99

(6) **a)** –13, –11, –9, –7, –5, –3, –1, 1, 3

b) –24, –20, –16, –12, –8, –4, 0, 4, 8, 12, 16

c) +34, +27, +20, +13, +6, –1, –8, –15, –22, –29, –36

Seite 19

Positive, negative Zahlen, Betrag und Gegenzahl

(1) $|+3| = 3$ $|-5| = 5$ $|+8| = 8$ $|-12| = 12$ $|-2| = 2$ $|+5| = 5$ $|+13| = 13$ $|-19| = 19$

2 a) $x < -3$ ☒ –6 ☒ –5 ☐ –3 ☐ –1 ☐ 0

b) $y \geq -5$ ☐ –6 ☒ –5 ☒ –4 ☒ 0 ☒ 2

c) $z < |-6|$ ☒ –2 ☒ 0 ☒ 2 ☒ 4 ☐ 6

d) $x > |-4|$ ☐ –2 ☐ 2 ☐ 4 ☒ 6 ☒ 8

3

Zahl	+5	–2	+1	–18	–8	+32	+81	–14
Gegenzahl	–5	+2	–1	+18	+8	–32	–81	+14
Betrag	5	2	1	18	8	32	81	14

4 a) $|-5| = 5$ b) $|-4| > |+3|$ c) $-7 < |-7|$ d) $6 < |-8|$

5 a) –2, –1, 0, 1

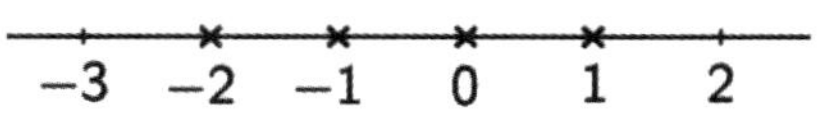

Zeichnung verkleinert

b) –5, –4, –3, –2, –1, 0, 1, 2

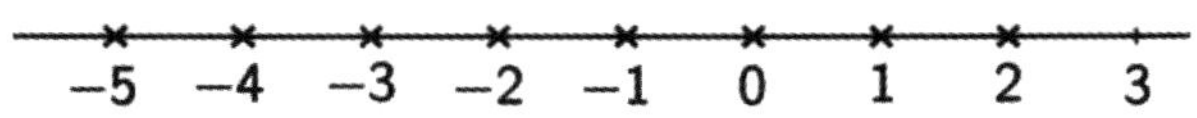

Zeichnung verkleinert

6 a) $-5 \leq x \leq +2$ b) $-2 \leq x \leq +6$

7 a) $|x| \leq 2$ b) $|x| \leq 4$

Seite 24

Addieren von positiven und negativen Zahlen

1 a) +3

Zeichnung verkleinert

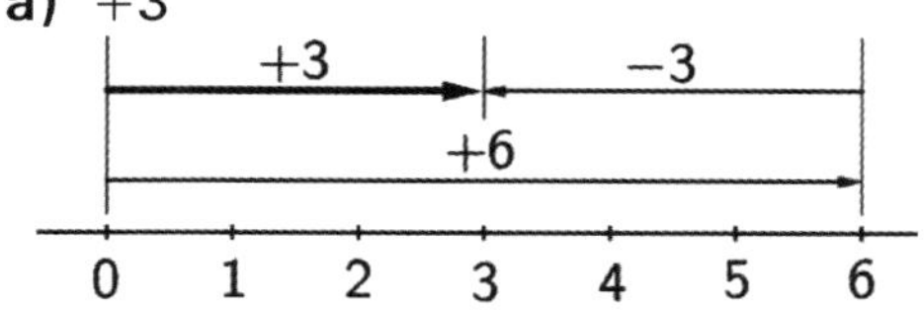

b) +4

Zeichnung verkleinert

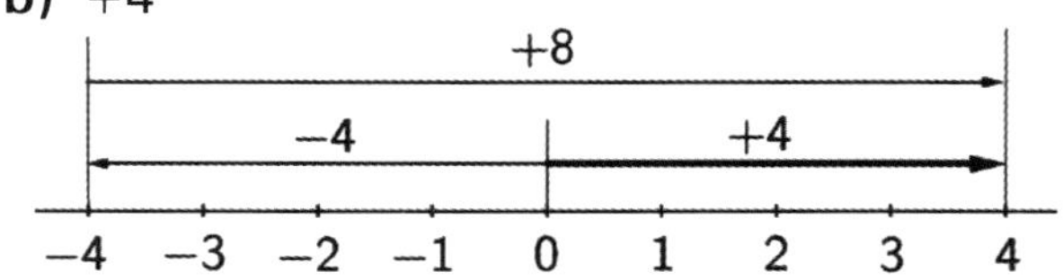

2 a) –16 b) –11 c) 15 d) 3 e) 150 f) –300

3 a) –10 b) –29

4 Frau Brunner hat ein Guthaben von 1 591 €.

(5) 808 + 302 – 298 – 98 + 595 – 409 – 92 = 808

Ralph hat nicht recht. Die Meereshöhe des Ausgangsortes ist genauso hoch wie die des Zielortes, die Radfahrer sind gleich viele Höhenmeter bergauf wie bergab gefahren.

Seite 28

Subtraktion mit positiven und negativen Zahlen

(1) a) +5 Zeichnung verkleinert

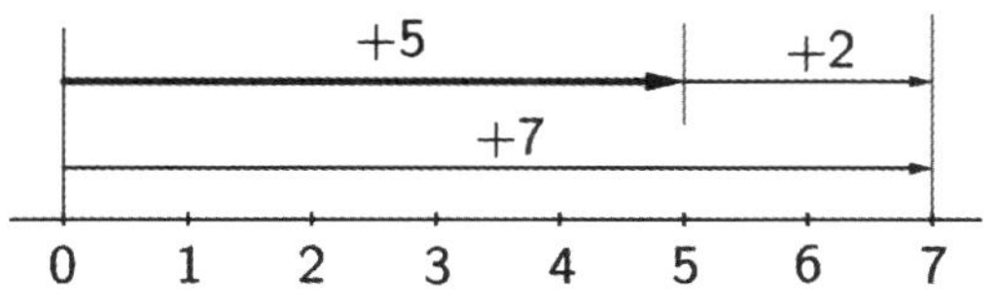

b) –6 Zeichnung verkleinert

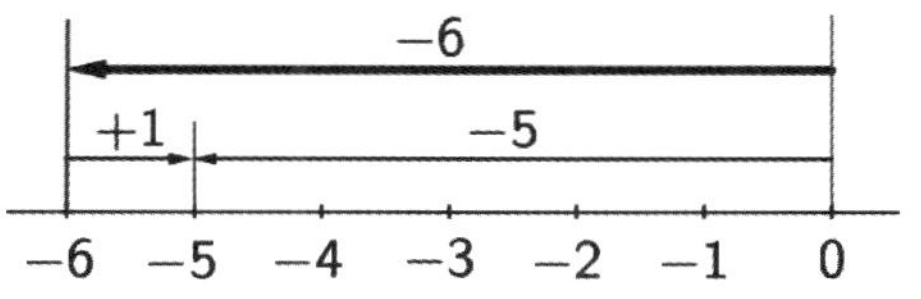

(2) a) –2 b) +15 c) +17 d) –21 e) +360 f) –585

(3) a) –23 b) +23 c) –8 d) +385

(4) a) Er war 23 Jahre alt. b) Geburt von Alexander dem Großen.
c) Er wurde 33 Jahre alt. d) Gaius Julius Caesar wurde 56 Jahre alt.
e) Es bestand 1 229 Jahre.

Seite 30

Addition und Subtraktion mit positiven und negativen Zahlen

(1) a) (+72) + (–35) = (–35) + (+72)
37 = 37 w. A.

b) (–56) + (–14) = (–14) + (–56)
–70 = –70 w. A.

(2) a) [–56 + (–82)] + (+98) = –56 + [(–82) + (+98)]
–40 = –40

b) (+23)+[(–53) + (–12)] = [(+23) + (–53)] + (–12)
–42 = –42

(3) a) –37 b) –15 c) 9 d) 857 e) –11 f) 6

(4) a) $+356 - 1\,256 - 78 + 150 - 660 - 198 + 250 - 63 = -1\,499$
Der Kontostand hat sich um 1 499 € geändert.
b) Der alte Kontostand betrug 265 €.

Seite 31

(5) a) 25 b) 2 939

(6) a) 2 b) 12

(7) a) +7 b) –7 c) –10
d) +10 e) 11 f) –10

(8) a) $(+8) + (-12) < (+9) - (+5)$ b) $(-17) - (+25) > (+8) + (-58)$
c) $15 - 28 = -7 - 6$ d) $-254 + 236 < 285 - 301$

Seite 35

Grundrechnungsarten mit ganzen Zahlen

(1) a) –92 b) –72 c) +60 d) +750

(2) a) –1 b) 2 c) 3 d) –4

(3) a) +3 840 b) –2 714 c) +69 248 d) –8 748

(4) a) +16 b) –3 c) –19 d) +25

(5) a) –4 b) +7

Seite 36

(6) a) –4 b) –21 c) 27

(7) Marcello hat recht. Amir hat die Vorrangregel (Punkt- vor Strichrechnung) nicht berücksichtigt.

8 a) $+6 \cdot x = -24,\ x = -4$ b) $-13 \cdot x = -65,\ x = 5$

c) $x \cdot (-20) = 600,\ x = -30$ d) $x : (-5) = +65,\ x = -325$

9 a) $(+4) \cdot (-8) + (-6) = -38$ b) $[(-3) - (-8)] \cdot [(-3) + (-8)] = -55$

c) $(-144) : (-16) - (-12) = 21$ d) $(-81) : [(-12) + (+3)] = 9$

10

a)	(1) 7	(2) 5	(3) 2	(4) 8	(5) 16
b)	(1) –7	(2) 1	(3) –8	(4) –8	(5) –16
c)	(1) –5	(2) 7	(3) 11	(4) 2	(5) 16
d)	(1) –26	(2) 16	(3) 5	(4) –26	(5) –32

Rationale Zahlen

Seite 39

Rationale Zahlen

1

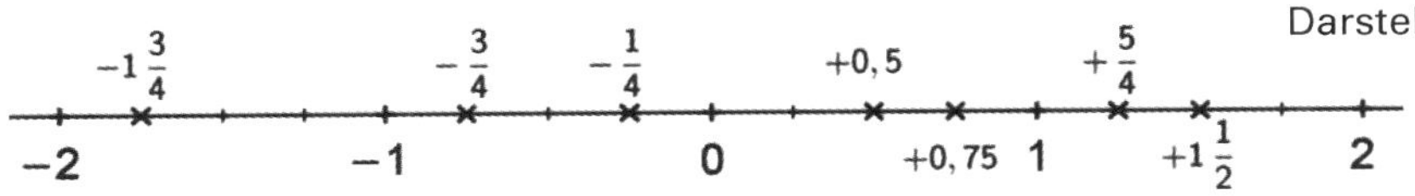

Darstellung verkleinert

2 $-2{,}75 < -\frac{5}{2} < -2\frac{1}{4} < 1{,}5 < 1\frac{3}{4} < \frac{9}{4}$

3 a) –3; –2 b) –2; –1 c) –4, –3 d) –1; 0

e) –3; –2 f) –1; 0 g) –4, –3 h) –2; –1

4 a) $\frac{1}{2}$ b) 6,8 c) $\frac{25}{4}$ d) $\frac{7}{8}$

5 a) –14,7; –14,5; –14,3 b) $-\frac{1}{4};\ -\frac{1}{8};\ -\frac{1}{16}$

c) $-\frac{5}{8};\ -\frac{4}{8};\ -\frac{3}{8}$ d) $-\frac{7}{12};\ -\frac{6}{12};\ -\frac{5}{12}$

6 a) $<$ b) $>$ c) $>$ d) $<$

7 a) $>$ b) $=$ c) $<$ d) $=$

Seite 44

Rechnen mit rationalen Zahlen

(1) Abbuchungen (rot): Miete, Überweisung für online Shopping, Abbuchung Handy-Rechnung, Abhebung Bankomat

gutgeschrieben werden (grün): Gutschrift, Monatsgehalt

Der neue Kontostand beträgt 669,43 €.

(2) a) –9,1 b) 1,2 c) –1,4 d) 55,5

(3) a) –8 b) 18,5

(4) a) –98,96 b) 63

(5) a) 1,1 b) –2,7

(6) a) 0,7 b) –8,17

(7) a) –26,5 b) –67,74

Seite 45

(8) a) $-\frac{71}{12} = -5\frac{11}{12}$ b) $\frac{105}{12} = 8\frac{9}{12} = 8\frac{3}{4}$

(9) a) $\frac{28}{8} = 2\frac{1}{2}$ b) –0,075

(10) a) –6 b) $\frac{105}{8} = 13\frac{1}{8}$

(11) a) $-\frac{4}{3} = -1\frac{1}{3}$ b) –3

(12) a) $-\frac{25}{3} = -8\frac{1}{3}$ b) $-\frac{44}{7} = -6\frac{2}{7}$

(13) a) $\frac{28}{27} = 1\frac{1}{27}$ b) $-\frac{2}{3}$

(14) a) 1 b) $\frac{7}{2}$ c) 7 d) –2

Rechnen mit Variablen

Seite 50

Addition und Subtraktion mit Variablen

(1) a) $u = 5a$, $u = 175$ mm b) $u = 16a$, $u = 560$ mm

(2) a) ⊠ $5x + x$ b) ⊠ $x + 5y$ c) ⊠ $(a + 3) \cdot b$

(3) a) $8a - 4b$ Probe: 0 b) $9a - 7b$ Probe: -5

c) $-3a - b + 1$ Probe: -4 d) $13{,}7a + 0{,}2b$ Probe: 14,1

(4) a) $6a + 4b$ Probe: 26 b) $-9a + 9b + 6$ Probe: -3

Seite 51

(5) a) $4x - 6y$ Probe: -10 b) $-x - 8y - 6$ Probe: -32

(6) a) $1\frac{1}{4}x - 4\frac{1}{4}y$ Probe: -2 b) $-\frac{1}{8}x + \frac{5}{8}y + 1$ Probe: 1

(7) a) $17x - 12y$ Probe: -7 b) $14y - 21x$ Probe: 7

c) $-8x - y$ Probe: -10 d) $7x - 12y$ Probe: -17

e) $11{,}1x + 3{,}8y$ Probe: 18,7 f) $5{,}7y + x$ Probe: 12,4

(8) a) $4x - 2$ Probe: 6 b) $2 - 2x$ Probe: -2

(9) a) $14x - 7y$ Probe: 0 b) $2x - y + 4z$ Probe: 12

c) $2x - y + 4z$ Probe: 12 d) $2x - 7y + 4z$ Probe: 0

(10) a) $\frac{11x}{8} - \frac{11y}{6}$ Probe: $-\frac{11}{2}$ b) $\frac{x}{8} - \frac{11y}{6}$ Probe: $-10\frac{1}{2}$

c) $\frac{11x}{8} - \frac{11y}{6}$ Probe: $-\frac{11}{2}$ d) $\frac{11x}{8} + \frac{y}{2}$ Probe: $\frac{17}{2}$

Seite 54

Multiplizieren, Potenzieren

(1) **a)** 6tz **b)** 30ab **c)** 20ab **d)** 40xy

(2) **a)** −3xy **b)** −15cd **c)** 30xyz

(3) **a)** $\frac{3xy}{2}$ **b)** $\frac{2cd^2}{3}$ **c)** $-\frac{3abc}{4}$ **d)** $\frac{1}{6}uv$

(4) **a)** $4^4 = 256$ **b)** $10^3 = 1000$ **c)** $(-6)^3 = -216$ **d)** $(-2)^4 = 16$

(5) **a)** $2 \cdot 2 \cdot 2 = 8$ **b)** $5 \cdot 5 = 25$ **c)** $(-3) \cdot (-3) \cdot (-3) = -27$ **d)** $(-6) \cdot (-6) = 36$

(6)

a + a + a	C
a · a · a	F
2x · 2x · 2x	D
2x + 2x + 2x	E

(7) **a)** $(-2x)^4 = 16x^4$ **b)** $\left(-\frac{a}{4}\right)^3 = -\frac{a^3}{64}$

(8) **a)** $(-1)^2 = 1$, $(-1)^3 = -1$, $(-1)^4 = 1$, $(-1)^5 = -1$

b) $(-0{,}1)^2 = 0{,}01$, $(-0{,}2)^3 = 0{,}008$, $(-0{,}4)^2 = 0{,}16$, $(-0{,}2)^4 = 0{,}0016$

c) $\frac{2^3}{3} = \frac{8}{3}$, $\frac{2}{3^3} = \frac{2}{27}$, $\left(\frac{2}{3}\right)^3 = \frac{8}{27}$

d) $\left(-\frac{3}{4}\right)^2 = \frac{9}{16}$, $-\frac{3^2}{4} = -\frac{9}{4}$, $-\frac{3}{4^2} = -\frac{3}{16}$, $-\left(\frac{3}{4}\right)^2 = -\frac{9}{16}$

Seite 57

Potenzieren

(1) **a)** 125 **b)** −125 **c)** 25 **d)** 16 **e)** 256 **f)** 16

(2) **a)** 16 **b)** 100

(3) **a)** 41 **b)** 396

(4) a) ☒ 30 500 000 b) ☒ 6 009 400 c) ☒ 400 030 012

(5) a) 20 000 000 000 B = $2 \cdot 10^{10}$ B b) 10 000 000 W = $1 \cdot 10^{7}$ W

(6) a) $3 \cdot 10^5$ km/s b) $4 \cdot 10^4$ km c) $1{,}5 \cdot 10^8$ km

(7) a) 5 m^2 ☐ $5 \cdot 10^6$ cm^2 ☒ $5 \cdot 10^2$ dm^2 ☒ $5 \cdot 10^4$ cm^2

b) 125 m ☐ $1{,}25 \cdot 10^4$ mm ☒ $1{,}25 \cdot 10^5$ mm ☒ $1{,}25 \cdot 10^4$ cm

c) 8 t ☒ $8 \cdot 10^3$ kg ☒ $8 \cdot 10^6$ g ☐ $8 \cdot 10^4$ dag

---

Seite 60

Rechnen mit Potenzen

(1) a) ☒ $2x^3 - x^2$ ☐ x^5 ☐ $x^3 + x^2$

b) ☒ $4x^3 - 2x^4$ ☐ $6x^4 + 4x^3$ ☐ $-2x^4 - 2x^3$

(2) a) $2x^3 + 7x^2$, Probe: 44 b) $-2x^3 + 4x^2 + 2x$, Probe: 4

(3) a) $x^2 \cdot x^3 =$ ☐ $2x^5$ ☒ x^5 ☐ x^6 ☐ $2x^6$

b) $a^3 \cdot a^4 =$ ☐ $2a^7$ ☐ $2a^{12}$ ☒ a^7 ☐ a^{12}

c) $2b \cdot b^4 =$ ☐ $3b^4$ ☐ $3b^5$ ☐ $2b^4$ ☒ $2b^5$

d) $s^4 \cdot s^2 =$ ☐ $2s^6$ ☒ s^6 ☐ s^8 ☐ $2s^4$

(4) a) b^5 b) $12x^7$ c) $6h^8$ d) $60x^9$ e) $14x^6$ f) $15a^8$

(5)

	$(a \cdot b)^n$	$a^r \cdot a^s$	$\left(\frac{a}{b}\right)^n$	Ergebnis
$x^2 \cdot x^3$	☐	☒	☐	x^5
$(x \cdot 2y)^2$	☒	☐	☐	$4x^2y^2$
$\left(\frac{x}{2}\right)^2$	☐	☐	☒	$\frac{x^2}{4}$
$a^3 \cdot a^4$	☐	☒	☐	a^7
$-\left(\frac{r}{4}\right)^2$	☐	☐	☒	$-\frac{r^2}{16}$
$(-u \cdot 2v)^2$	☒	☐	☐	$4u^2v^2$

Seite 61

(6)

	richtig	falsch	
$a^2 \cdot b^3 = (ab)^5$	☐	☒	$a^2 \cdot b^3 = a^2b^3$
$x \cdot x^4 = 2x^5$	☐	☒	$x \cdot x^4 = x^5$
$y^2 \cdot y^3 = y^5$	☒	☐	
$\left(\frac{x}{2}\right)^3 = \frac{x^3}{6}$	☐	☒	$\left(\frac{x}{2}\right)^3 = \frac{x^3}{8}$
$\left(-\frac{a}{2}\right)^3 = -\frac{a^3}{8}$	☒	☐	
$-\left(\frac{u}{3}\right)^2 = \frac{u^2}{9}$	☐	☒	$-\left(\frac{u}{3}\right)^2 = -\frac{u^2}{9}$

(7) a) $31a^6$ b) $4x^3$ c) $8c^5$ d) $7y^3$

(8) a) s^2 b) a c) $3x$

(9) a) $5x^2$ b) $3a^3$ c) $\frac{r^3}{2s}$

(10) a) $-8a^3$ b) $25x^2y^2$ c) $256a^4$
d) $-\frac{27x^3}{8}$ e) $-\frac{x^5}{y^5}$ f) $\frac{9a^2}{b^2}$
g) $\frac{16a^4b^4}{c^4}$ h) $-\frac{8x^3}{27y^3}$ i) $-\frac{4x^2}{9y^2}$

Seite 65

Multiplikation mit ein- und mehrgliedrigen Ausdrücken

(1)

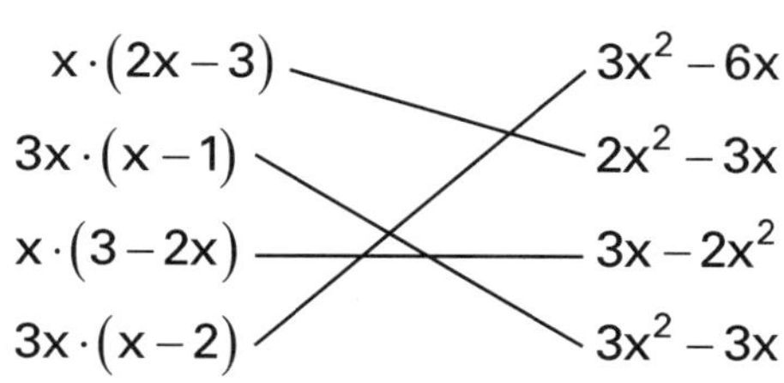

(2) a) $x^2 - 5x$ b) $-16a^2 + 22a$ c) $-u^2 + 6u$ d) $x^2 + 9x$

(3) a) $18x^2 + 3x - 10$, Probe: 11 b) $3u^2 - 17uv + 20v^2$, Probe: 5
c) $-6x^2 - 11xy$, Probe: -90

(4) a) $4a^2 - 4ab + b^2$ b) $x^2 - 6xy + 9y^2$ c) $z^2 + 2z + 1$ d) $9a^2 - 12ab + 4b^2$
e) $4x^2 + 12xy + 9y^2$ f) $a^2 + a + \frac{1}{4}$ g) $x^2 - 1$ h) $36u^2 - 25v^2$
i) $25x^2 - 36y^2$ j) $9a^2 - 16b^2$

Seite 66

(5)

$(2x-1)^2$	D
$(2x+1)^2$	B
$(2x-1)\cdot(2x+1)$	C
$(1-2x)\cdot(1+2x)$	E

(6)

	richtig	falsch	
$(x-y)^2 = x^2 - 8x - 16$	☐	☒	$x^2 - 2xy + y^2$
$(3a-2b)^2 = 9a^2 - 12ab + 4b^2$	☒	☐	
$(2x+3y)^2 = 4x^2 + 6xy + 9y^2$	☐	☒	$4x^2 + 12xy + 9y^2$
$(x-5y)^2 = x^2 - 10xy + 5y^2$	☐	☒	$x^2 - 10xy + 25y^2$
$(x-3y)^2 = x^2 + 9y^2$	☐	☒	$x^2 - 6xy + 9y^2$
$(8a+1)^2 = 64a^2 + 16a + 1$	☒	☐	

(7) a) $24x^2 + 34xy$, Probe: 92 b) $-16x$, Probe -16
c) $2x^2 - 15xy - 2y^2$, Probe: -36 d) $36x^2 - 24xy - 5y^2$, Probe: -32

(8) $2x^3 + 11x^2 - 24x$, Probe: 76

Seite 67

(9) a) $-12a^3b + 7a^2b^2 - 9ab^3 + 2b^4$ b) $10x^3y + x^2y^2 - 8xy^3 - 3y^4$

(10) a) $4x^2 - 8xy + 16y^2$, Probe: 16 b) $-4x^2 - 8xy + 14y^2$, Probe: -18

(11) a) $3x^2 + y^2$, Probe: 7 b) $8xy$, Probe: 16

Seite 69

Herausheben

1

	Summe	Differenz	Produkt
$2x - 4y$	☐	☒	☐
$4a \cdot 2b$	☐	☐	☒
$9x^2 + 2y^2$	☒	☐	☐
$4x^2 - y^2$	☐	☒	☐
$x + 3y$	☒	☐	☐
$5x^2 \cdot 7y^2$	☐	☐	☒

2 a) Differenz, $4(x - 2y)$ b) Summe, $2x(x + 3)$ c) Differenz, $a^2(9 - b)$
d) Summe, $7x(y + 2)$ e) Differenz, $5a(a - 2)$ f) Differenz, $3k(3k - 1)$
g) Differenz, $x^2(x - 1)$ h) Summe, $2a^2(3a^2 + 1)$

3

$6x^2y + 3xy^2$ — $3xy \cdot (2x + y)$
$6x + 3y$ — $3 \cdot (2x + y)$
$6x^2 + 3xy$ — $3x \cdot (2x + y)$
$6x^2 + 3xy^2$ — $3x \cdot (2x + y^2)$

4 a) $5r \cdot (4s - 1)$ b) $x \cdot (x + 1)$ c) $ab \cdot (a - b)$
d) $5a \cdot (5a^2 - 2a + 1)$ e) $(2x - y) \cdot (4a + b)$ f) $(a + b) \cdot (3x - 2y)$

5 a) $x \cdot (5x - 12)$ b) $3k \cdot (k^2 - k + 1)$ c) richtig
d) $(3a + 4b) \cdot (x - 2)$ e) $(a + 1) \cdot (5x - 2y)$ f) $(a - 3b) \cdot (2y - 5x)$

Gleichungen

Seite 72

Lösen von Gleichungen

1 a) $x = 3$, Probe: $7 \cdot 3 - 5 = 16$
$16 = 16$ w. A.

b) $x = 5$, Probe: $4 \cdot 5 + 6 = 6 \cdot 5 - 4$
$26 = 26$ w. A.

(2) a) $18x - 9 = 20x + 15 \quad |-20x$

$-2x - 9 = 15 \quad |+9$

$-2x = 24 \quad |:(-2)$

$x = -12$

b) $37 - 4x = 9x - 2 \quad |-37$

$-4x = 9x - 39 \quad |-9x$

$-13x = -39 \quad |:(-13)$

$x = 3$

(3)

$2x - 9 = 5$	C
$4x+8 = 32$	B
$x - \frac{1}{2} = 7\frac{1}{2}$	D
$x \cdot 3 = 3$	E

(4) a) $2x - 5 = 14x - 17$

$x = 1$

Probe:

$1 - 5 + 1 = 10 - 15 + 4 - 2$

$-3 = -3$ w. A.

b) $2x - 3x - 9 = 4 + 2x - 7$

$x = -2$

Probe:

$2 \cdot (-2) - [3 \cdot (-2) + 9] = 4 + [2 \cdot (-2) - 7]$

$-7 = -7$ w. A.

Seite 73

(5) a) $x = 3$, Probe: $10 = 10$ w. A.

b) $y = -4$, Probe: $2 = 2$ w. A.

(6) a) $a = 2$, Probe: $-20 = -20$ w. A.

b) $z = -1$, Probe: $0 = 0$ w. A.

c) $u = 1$, Probe: $9 = 9$ w. A.

(7) a) $x = 28$ Probe: $11\,025 = 11\,025$ w. A.

b) $y = 2$ Probe: $7 = 7$ w. A.

(8) a) $y = 4{,}5$ Probe: $420{,}25 = 420{,}25$ w. A.

b) $x = 1$ Probe: $21 = 21$ w. A.

Seite 75

Textgleichungen, Umformen von Formeln

(1) a) $x - 7 = 15,\ x = 22$

b) $3x - 6 = 16,\ x = 7$

(2) $x + (4x - 3) = 42$ Die Summanden sind 9 und 33.

③ $\left(x+\frac{x}{2}\right)\cdot 2=264$ Die Seitenlängen sind 88 cm und 44 cm.

④ $\alpha+(\alpha-15)+(\alpha+42)=180$ $\alpha = 51°$, $\beta = 36°$, $\gamma = 93°$.

⑤ x ... Breite des 1. Rechtecks, Länge des 1. Rechtecks: $x + 8$
Fläche 1. Rechteck: $(x + 8) \cdot x$
Fläche 2. Rechteck: $(x + 8) \cdot (x - 3)$
Da die Fläche des 2. Rechtecks um 48 kleiner ist, muss beim Gleichsetzen der Flächeninhalte auf der rechten Seite 48 dazugegeben werden.

$$(x + 8) \cdot x = (x + 8) \cdot (x - 3) + 48$$
$$x = 8$$

Die Länge des ursprünglichen Rechtecks ist 16 cm, die Breite 8 cm.

Seite 76

⑥ a) ☒ $x + 2x = 60$ ☐ $x + 2 = 60$ ☐ $2x = 60$

b) ☐ $4x-\frac{1}{2}=x+15$ ☒ $4x-\frac{1}{2}x=x+15$ ☐ $4x-2x=x+15$

⑦ ☐ $x^2-\frac{1}{2}=x\cdot(x-1)+5$ ☐ $x^2-\frac{1}{2}x=\left(x^2-1\right)+5$ ☒ $x^2-\frac{1}{2}x=x\cdot(x-1)+5$

⑧ $(5x + 9) : 2 = 22$ $x = 7$ Die Zahl heißt 7.

⑨ $x + 320 - 50 + 156 = 1{,}5\,x$ $x = 852$ $852 \cdot 1{,}5 = 1\,278$
Die Habichthütte liegt auf 1 278 m Seehöhe.

⑩ a) $s = v \cdot t$ $t=\frac{s}{v}$

b) $F_1=\frac{F_2\cdot l_2}{l_1}$, $F_2=\frac{F_1\cdot l_1}{l_2}$, $l_1=\frac{F_2\cdot l_2}{F_1}$, $l_2=\frac{F_1\cdot l_2}{F_2}$

c) $a=\frac{V}{b\cdot c}$, $b=\frac{V}{a\cdot c}$, $c=\frac{V}{a\cdot b}$

d) $G=\frac{O-G}{2}$, $M = O - 2G$

Verhältnisse und Proportionen

Seite 78

Verhältnisse

① a) 2 : 1 b) 3 : 4 c) 5 : 1 d) 4 : 3

(2) a) 100 : 7 b) 7 : 8 c) 3 : 1 d) 2 : 1
e) 3 : 2 f) 3 : 1 g) 3 : 2 h) 40 : 3

(3) 1. Möglichkeit

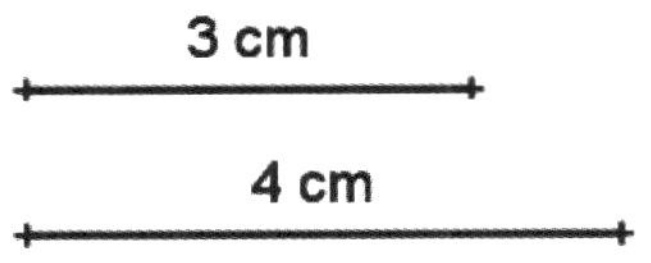

2. Möglichkeit

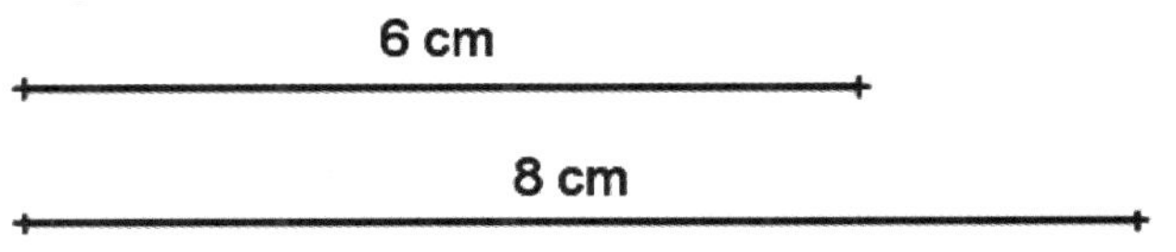

(4) Es gibt 189 Schüler. 252 : 189 = 4 : 3
Die Anzahl der Schülerinnen zur Anzahl der Schüler verhält sich wie 4 : 3.

(5) a) Ö : CH = 2 : 1 b) Ö : D = 2 : 9 c) I : CH = 15 : 2
Österreich ist 2-mal so groß wie die Schweiz, Deutschland ist 4,5-mal so groß wie Österreich, Italien ist 7,5-mal so groß wie die Schweiz.

Seite 83
Proportionen

(1) a) a = 120 b) x = 4 c) r = 15 d) x = 7,5
e) y = 9 f) z = 1 g) x = 2 h) a = 10

(2) 1 : 2 000 000

(3) Die Strecke ist 2,15 km in Wirklichkeit.

(4) A und B bekommen jeweils 24 000 €, C bekommt 36 000 €.

(5) Die Partei A muss 9 100 €, die Partei B 6 500 € und die Partei C 3 900 € bezahlen.

(6) Taldorf muss 2 130 000 € bezahlen. Die Kläranlage kostet 4 970 000 €.

(7) a = 175 mm, b = 125 mm, c = 400 mm, d = 75 mm

Seite 84

(8) 50 Kartons wiegen 375 kg.

(9) Man braucht **a)** 544 Fliesen **b)** mindestens 359 Fliesen.

(10) Er muss mit 16 km/h fahren.

(11) Das Flugzeug braucht 3 Stunden und 7 Minuten.

(12) Die Länge ist 35 cm, die Breite 21 cm und die Höhe 56 cm.

(13) **a)** 504 g Kupfer, 126 g Sauerstoff **b)** 59 g Sauerstoff **c)** 548 g Kupfer

(14) Sie muss mit 80 km/h fahren.

(15) Das Entleeren dauert 7,2 Stunden (7 Stunden 12 Minuten).

(16) Es müssen 6 Schülerinnen und Schüler zusätzlich wegräumen.

Prozent- und Zinsenrechnung

Seite 89

Prozentrechnung

(1) **a)** 72 hl **b)** 2,2 t **c)** 45 m **d)** 28 kg

(2) **a)** 2,45 € **b)** 115,20 € **c)** 262,50 € **d)** 4,50 €

(3) Für den Computer muss Herr Maus 673,44 € bezahlen.

(4) Der neue Mieter muss 517,50 € bezahlen.

(5) Sie hat 70,83.. %, also rund 71 % der Punkte erreicht.

(6) Er bekommt rund 11,5 % Gehaltserhöhung.

(7) Die Familie hat ein Einkommen von 1 928,57 €.

Seite 90

Prozentrechnung und Promillerechnung

(1) Hose: 112 €, T-Shirt: 24,60 €, Schuhe 82 €

(2) Der Ort hatte im Vorjahr 2 000 Einwohner.

(3) Der PKW kostet rund 27 272 €.

(4) Claudia muss 145,50 € bezahlen.

(5) Die Versicherungsprämie ist 660 €.

(6) Die Bevölkerung nahm um rund 16,7 % zu.

Seite 94

Zinsenrechnung

(1) Sie hat 427,55 € zur Verfügung.

(2) a) 0,9 %   b) 25,97 €   c) 2 910,97 €

(3) Herr Maier muss 3 195 € zurückzahlen.

(4) Die Rückzahlungssumme ist 9 975 €.

(5) Der Kredit war 8 640 € hoch.

(6) Es wurden 8,5 % Verzugszinsen berechnet.

(7) Kathrin wird 8 517,81 € zur Verfügung haben.

(8) In 4 Jahren wird der Holzbestand ungefähr 6 623 m^3 betragen.

(9) In 8 Jahren werden 1 108 Einwohner in diesem Dorf wohnen.

Statistik

Seite 97

1 a)

	h	r	p
zu Fuß	12	$\frac{12}{25} = 0,48$	48 %
Fahrrad	4	$\frac{4}{25} = 0,16$	16 %
Auto	3	$\frac{3}{25} = 0,12$	12 %
Bus	6	$\frac{6}{25} = 0,24$	24 %
Gesamt	25	$\frac{25}{25} = 1$	100 %

b) Balkendiagramm

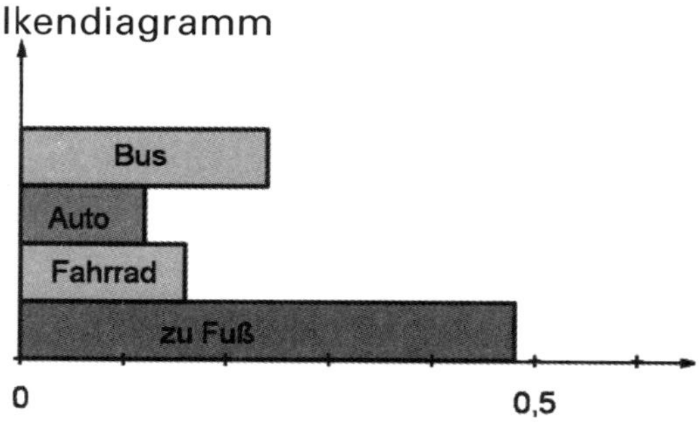

Prozentkreis

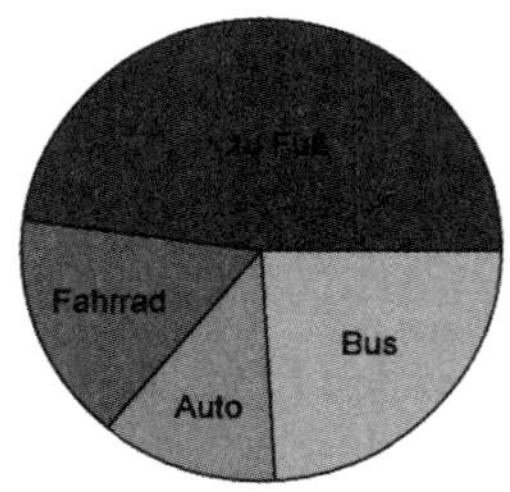

2 a)

Note	h	r	p
1	3	$\frac{3}{25} = 0,12$	12 %
2	8	$\frac{8}{25} = 0,32$	32 %
3	6	$\frac{6}{25} = 0,24$	24 %
4	6	$\frac{6}{25} = 0,24$	24 %
5	2	$\frac{2}{25} = 0,08$	8 %
Summe	25	$\frac{25}{25} = 1$	100 %

b) $\bar{x} = 2,84$

c) Prozentkreis

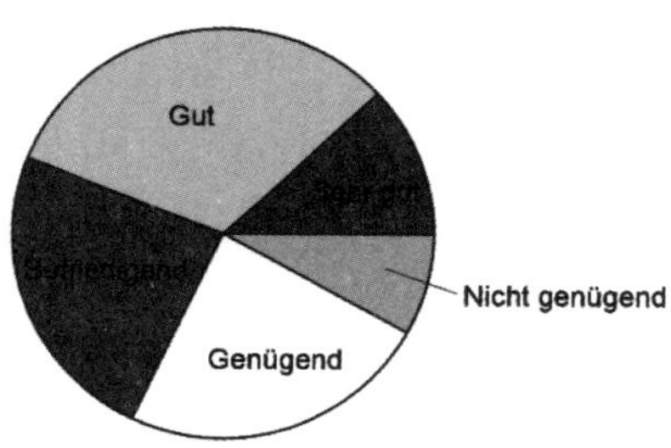

Säulendiagramm

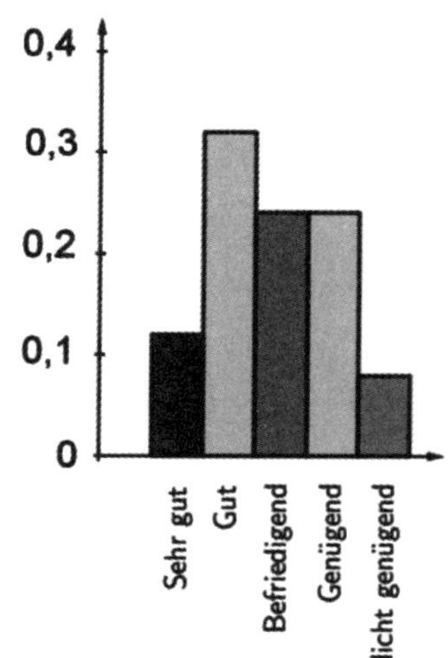

(3) a) 8,71 l

b) $10{,}2 - 7{,}5 = 2{,}7$ l

c)

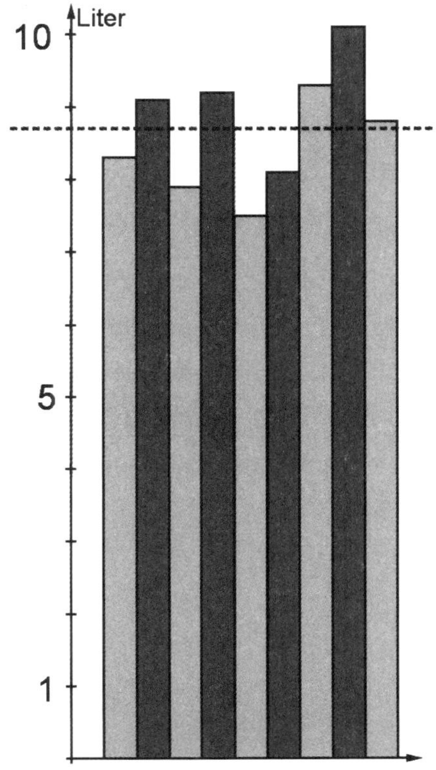

(4)

	Brille	keine Brille	Summe
Mädchen	12	53	65
Burschen	15	53	68
Summe	27	106	133

Es tragen 27 Schülerinnen und Schüler eine Brille.

(5) Klasseneinteilung:

	Klasse	Klassenmitte	h	r	p
1	150 – 154	152	3	$\frac{3}{50} = 0{,}06$	6 %
2	155 – 159	157	5	$\frac{5}{50} = 0{,}1$	10 %
3	160 – 164	162	9	$\frac{9}{50} = 0{,}18$	18 %
4	165 – 170	167	8	$\frac{8}{50} = 0{,}16$	16 %
5	171 – 174	172	9	$\frac{9}{50} = 0{,}18$	18 %
6	175 – 179	177	13	$\frac{13}{50} = 0{,}26$	26 %
7	180 – 184	182	3	$\frac{3}{50} = 0{,}06$	6 %
Summe			50	$\frac{50}{50} = 1$	100 %

$\bar{x} = \frac{8430}{50} = 168{,}6$ cm

Die durchschnittliche Größe der Burschen beträgt 168,6 cm.

Das Koordinatensystem

Seite 99

Das rechtwinklige Koordinatensystem

verkleinert

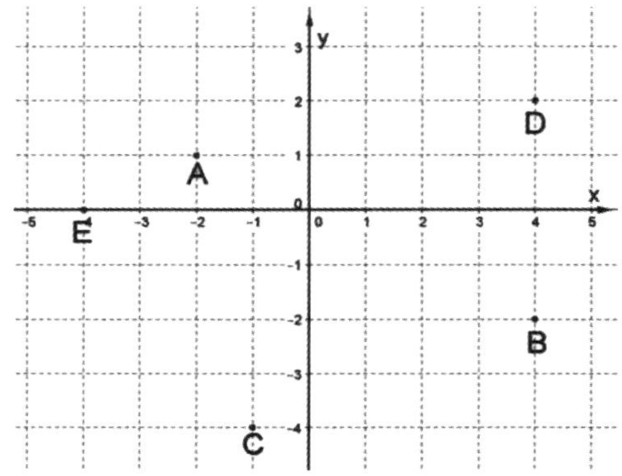

(1) A liegt im 2. Quadranten

B liegt im 4. Quadranten

C liegt im 3. Quadranten

D liegt im 1. Quadranten

E liegt auf der x-Achse

(2) verkleinert

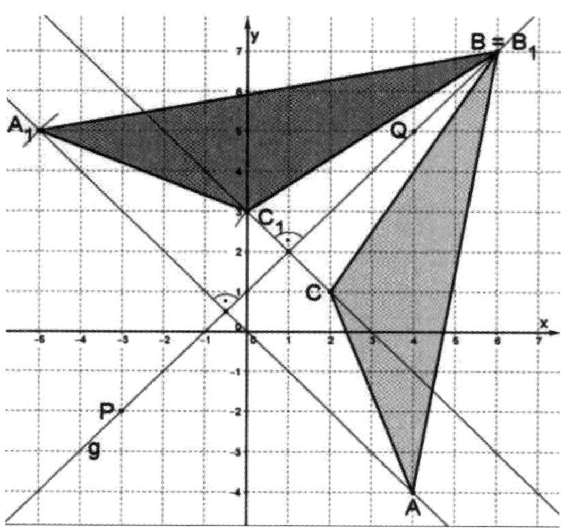

$A_1(-5/5)$, $B_1 = B$, $C_1(0/3)$

(3) verkleinert

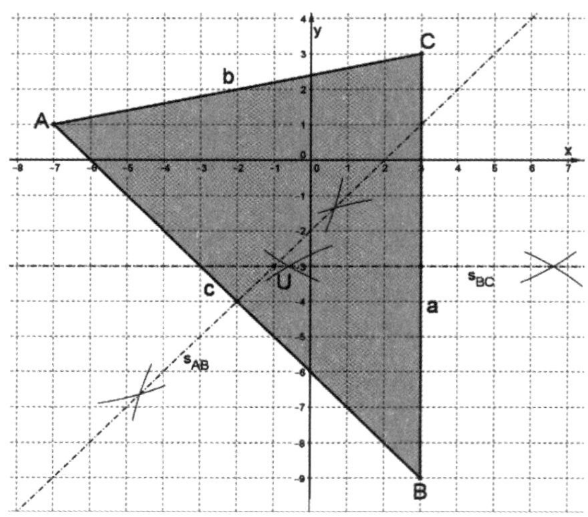

U(–1/–3)

(4) verkleinert

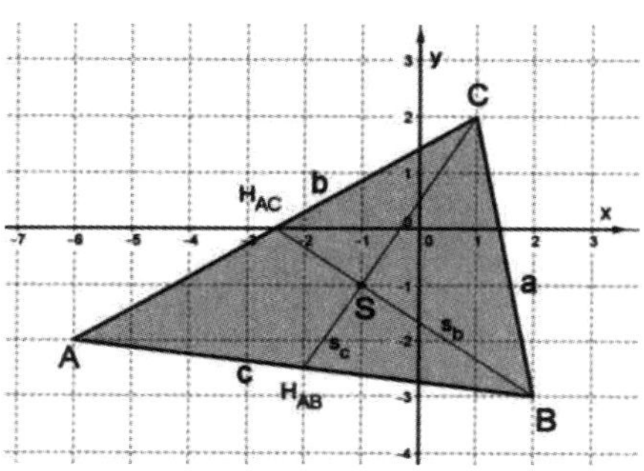

S(–1/–1)

(5) verkleinert

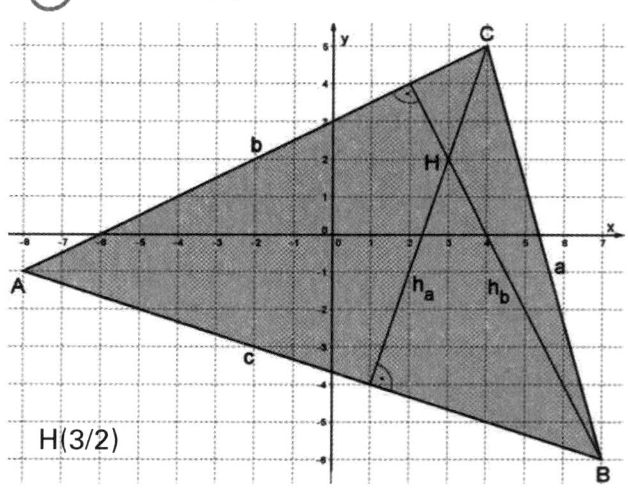

H(3/2)

⑥ verkleinert

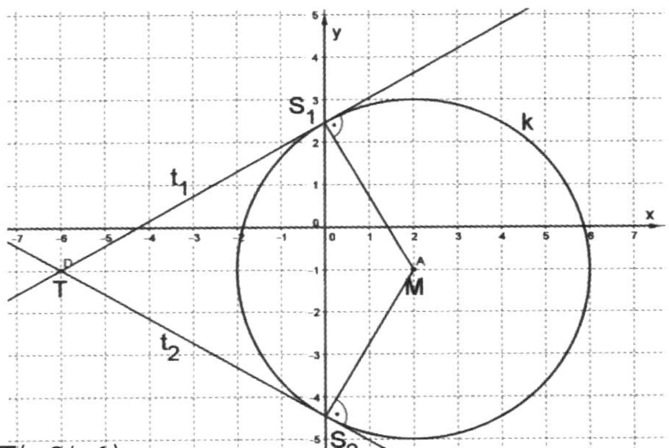

T(–6/–1)

⑦ verkleinert

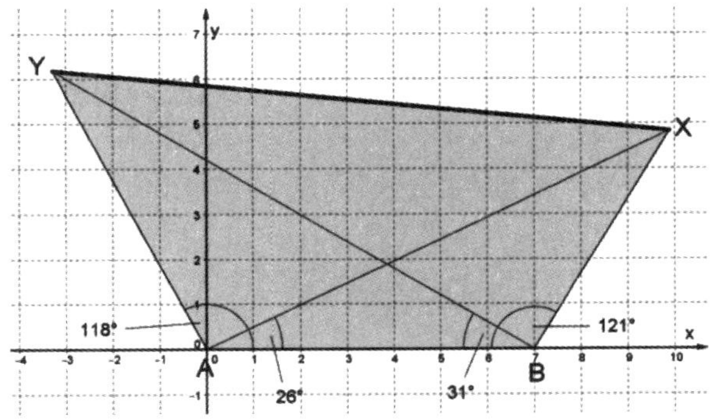

Y(–3,3/6,2), X(9,9/4,8) $\overline{XY} = 1330$ m

Ebene Figuren

Seite 102

Rechteck und Quadrat

① Man kann 120,54 m² auslegen.

② Der Acker muss 134,72 .. ≈ 135 m lang sein.

③ A = 1 855 m², u = 224 m

④ A = 11,56 m²

⑤ a) 64 b) 23,3 c) 0,58 d) 1,44

⑥ a) 22,36 b) 5,48 c) 2,40 d) 4,53

⑦ Die Seitenlänge des Tisches beträgt 9,5 dm.

Seite 104

Pythagoreischer Lehrsatz

① a) c = 18 cm b) c = 208 mm c) c = 43,5 dm d) c = 195 mm

(2) b = 28 cm, u = 158 cm, A = 940,8 cm^2

(3) a) $5^2 + 12^2 = 13^2$, $25 + 144 = 169$ w. A. Es liegt ein rechtwinkliges Dreieck vor, da der pythagoreische Lehrsatz gilt.

b) $24^2 + 32^2 = 42^2$, $576 + 1\,024 = 1\,764$ f. A. Es liegt kein rechtwinkliges Dreieck vor, da der pythagoreische Lehrsatz nicht gilt.

(4) d = 79,195.. mm = 80 mm

(5) d = 31,2 cm

(6) h_c = 9,2601.. cm = 9,3 cm, A = 97,231..cm^2 = 97 cm^2

(7) a = 2,236.. cm = 2,2 cm

(8) Der Teich ist 58 m lang.

(9) Die waagrechte Entfernung ist rund 119,06 m. Die Steigung beträgt 12,60 %.

Seite 106

Umfang und Flächeninhalt eines Dreiecks

(1)

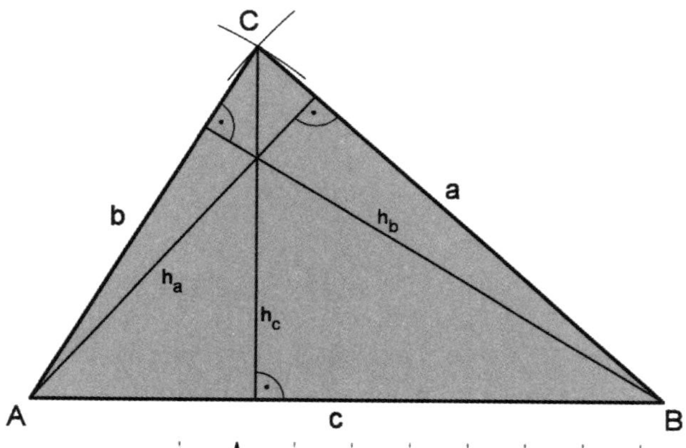

h_a = 50 mm, A_1 = 1 625 mm^2

h_b = 64 mm, A_2 = 1 632 mm^2

h_c = 44 mm, A_3 = 1 650 mm^2

A = 1 636 mm^2

(2) verkleinert

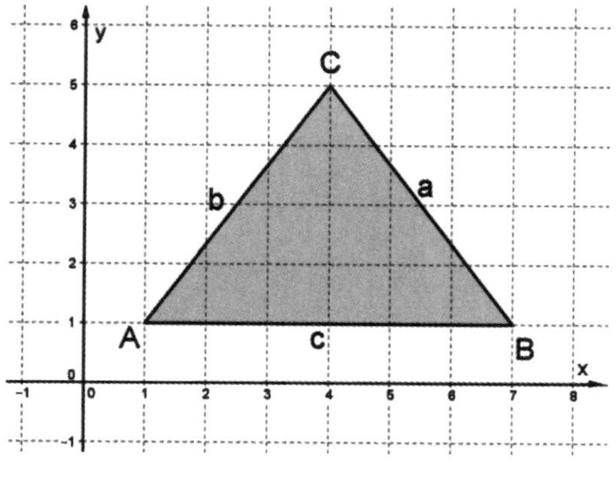

u = 16 cm

A = 12 cm^2

(3) $c = \frac{2A}{h_c}$, $c = 7{,}4$ cm
$h_c = 3{,}5$ cm

(4) $h_c = 3{,}5$ cm

(5) **a)** $d = 6{,}74$ m **b)** $A = 63\ m^2$

(6) **a)** $A_1 = 6\,825\ cm^2$, $A_2 = 4\,830\ cm^2$ **b)** Der Abfall beträgt 1 995 cm^2.
c) Es fallen 17,08 % Abfall an.

Seite 109
Umfang und Flächeninhalt von Parallelogramm und Trapez

(1) $h_b = 61{,}41..$ mm = 61 mm, $A = 2\,088\ mm^2$, $u = 212$ mm

(2) $a = 62$ mm, $h_a = 48{,}77..$ mm = 49 mm, $A = 3\,024\ mm^2$

(3) $A = 1\,302\ mm^2$

(4) **a)**

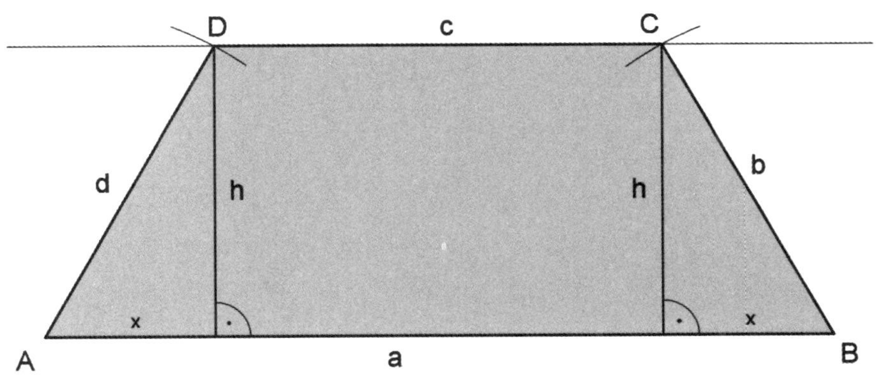

b) $x = 2{,}271..$ cm = 2,3 cm, $c = 5{,}956..$ cm = 6 cm **c)** $u = 25{,}7$ cm, $A = 33\ cm^2$

(5) $c = 28$ mm

(6) verkleinert

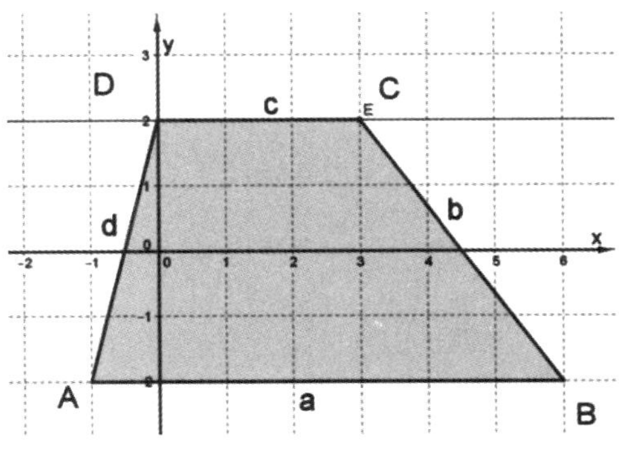

D(0/2), $A = 20\ cm^2$

(7) *Beachte*: Das Dach ist ein Rechteck mit der Länge 3,20 m. Die Breite des Dachs musst du mit Hilfe des pythagoreischen Lehrsatzes errechnen.

Man muss für 66,4 m^2 Farbe kaufen.

Seite 111

Flächeninhalt von Quadrat, Raute, Deltoid

(1)

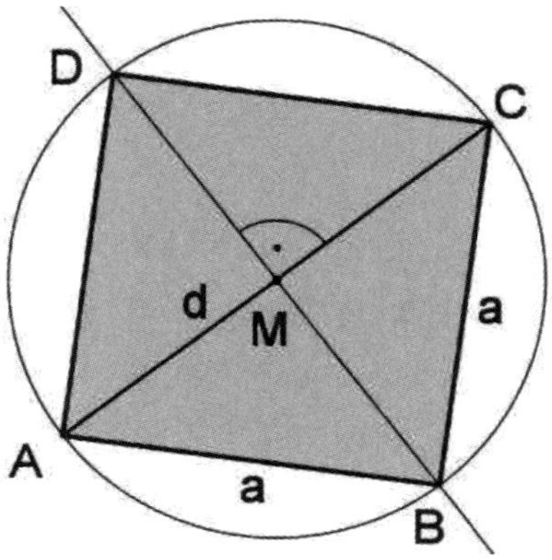

$A = \frac{d^2}{2}$

$A = 12{,}5\ cm^2$

(2) d = 12 cm

(3)

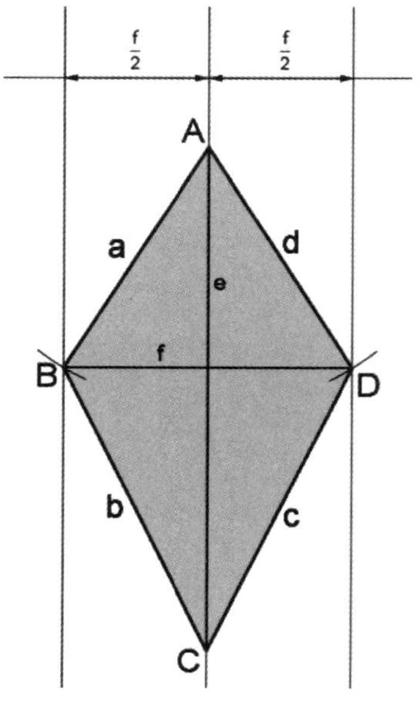

$A = 928\ mm^2$

(4) a) $A = 1\,224\ mm^2$ b) $A = 3\,721\ mm^2$

(5) a = 56 mm, $A = 2\,688\ mm^2$

(6)

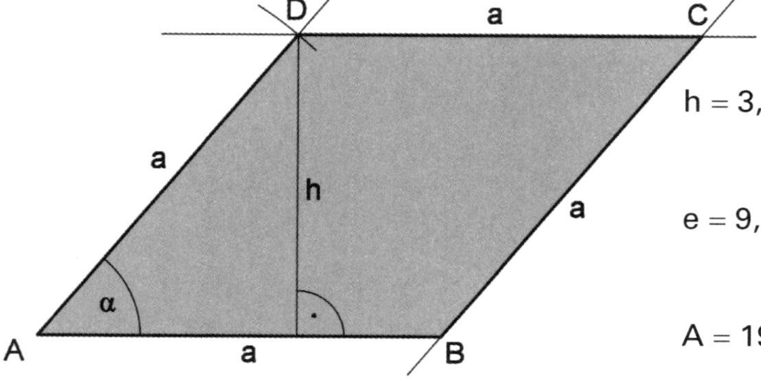

h = 3,8 cm

$A_1 = a \cdot h$

$A_1 = 19\ cm^2$

e = 9,1 cm, f = 4,2 cm

$A_2 = \frac{1}{2} e \cdot f$

$A_2 = 19{,}11\ cm^2$

$A = 19{,}055\ cm^2 \approx 19{,}06\ cm^2$

Seite 113

Flächeninhalt von unregelmäßigen Vielecken

(1) $A = 25{,}5\ cm^2$

(2) verkleinert

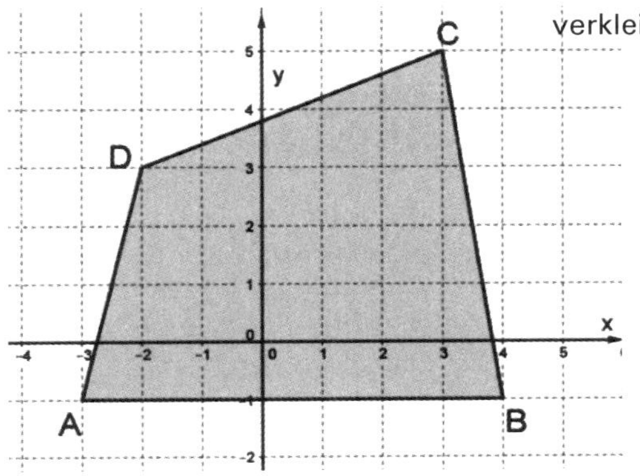

$A = 30\ cm^2$

(3) Konstruktion

verkleinert

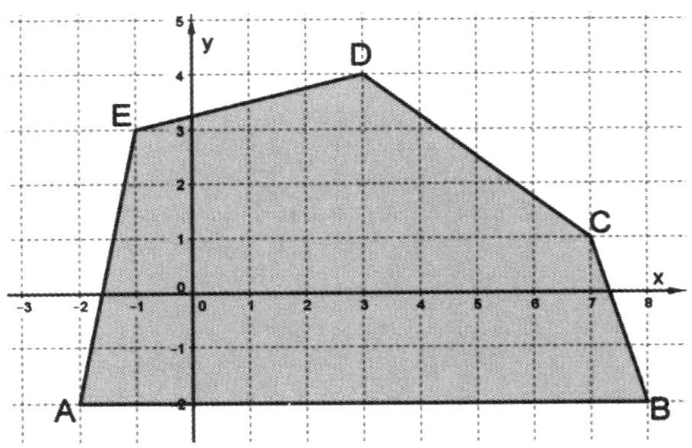

$A = 44\ cm^2$

(4) $A = 11\ 603\ mm^2$

(5) $A = 5\ 127\ m^2$

Ähnlichkeit

Seite 117

Ähnliche Figuren

(1) **a)** $b_1 = 4{,}5$ cm, $c_1 = 8{,}1$ cm

b) $a_1 = 9{,}6$ cm, $c_1 = 10{,}8$ cm

c) $a_1 = 12$ cm, $b_1 = 7{,}5$ cm

(2) $a_1 = 20$, $b_1 = 46$, $c_1 = 28$, $d_1 = 42$

(3) **a)** $b_1 = 10{,}5$ cm, $c_1 = 7{,}5$ cm **b)** $u = 20$ cm, $u_1 = 30$ cm

c) $u : u_1 = 2 : 3$ bzw. $u : u_1 = 1 : 1{,}5$

(4) $a = 175$ mm, $b = 125$ mm, $c = 100$ mm, $d = 75$ mm

Es entsteht ein ähnliches Dreieck. Die Umfänge stehen im selben Verhältnis zueinander wie die Seitenlängen.

(5)

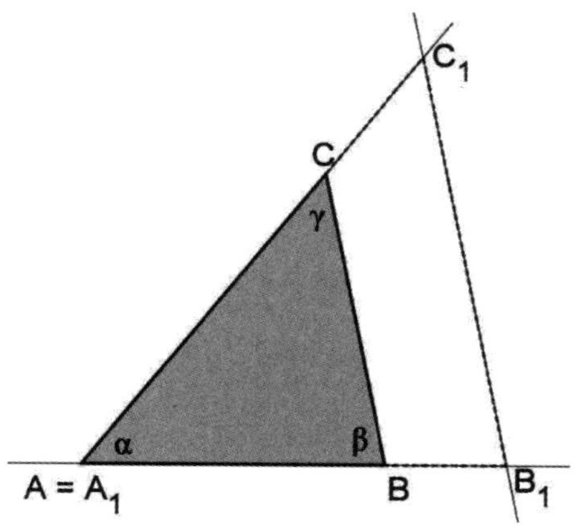

$\alpha = 51°$

$\beta = 79°$

$\gamma = 50°$

Seite 120
Strahlensatz

(1)

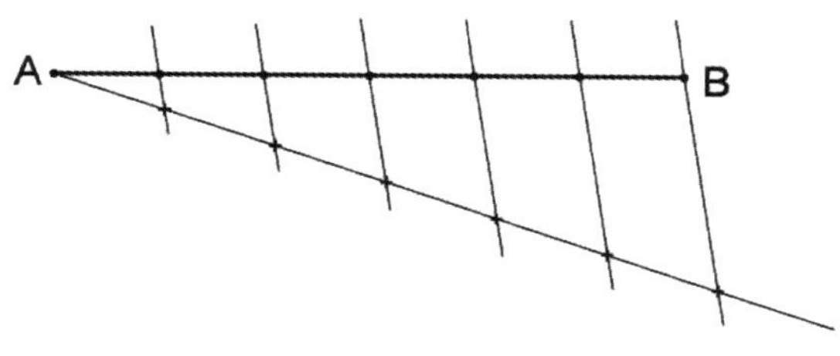

(2)

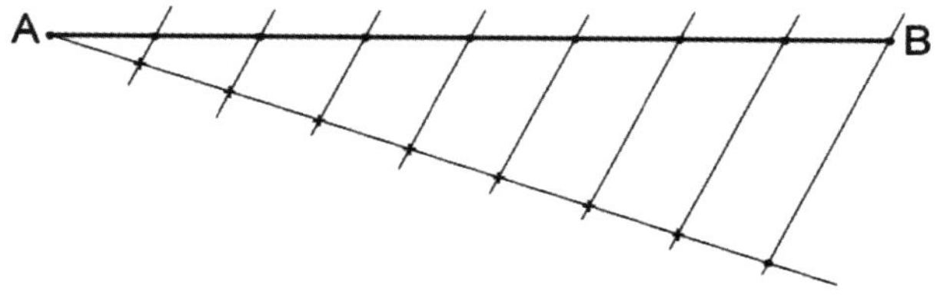

(3)

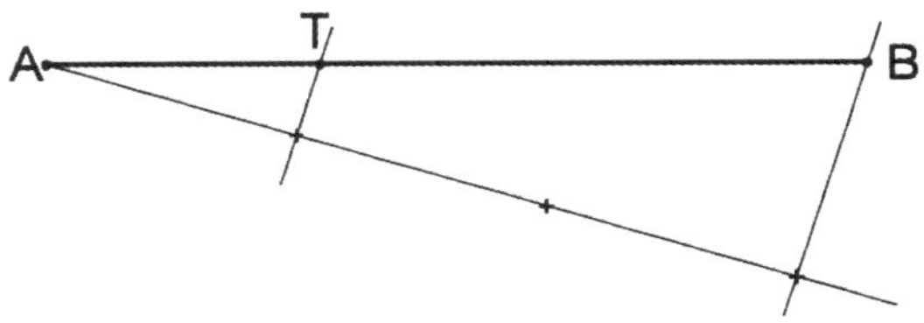

$\overline{AT} : \overline{TB} = 21\text{ mm} : 42\text{ mm} = 1 : 2$

(4)

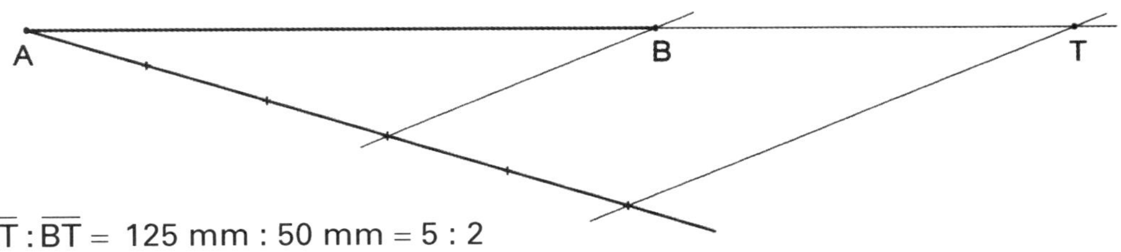

$\overline{AT} : \overline{BT} = 125\text{ mm} : 50\text{ mm} = 5 : 2$

(5)

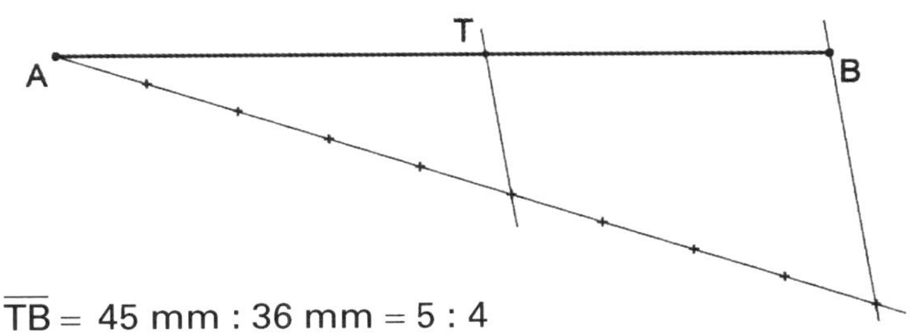

$\overline{AT} : \overline{TB} = 45\text{ mm} : 36\text{ mm} = 5 : 4$

(6)

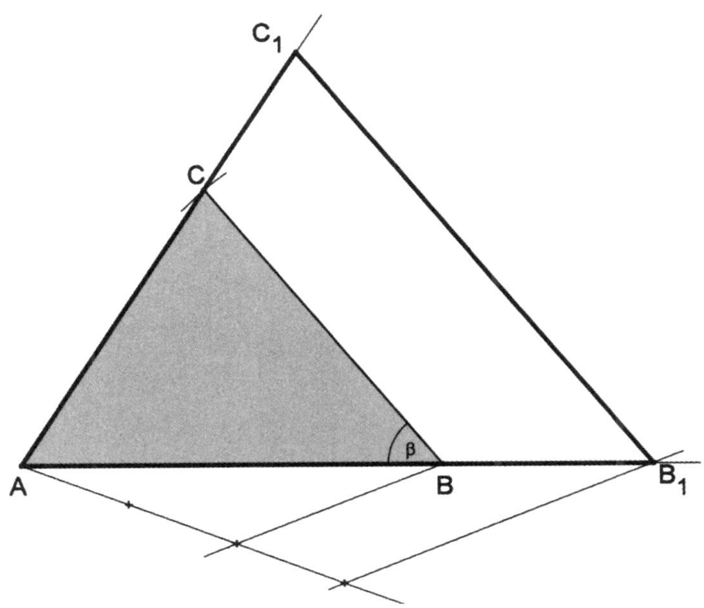

7

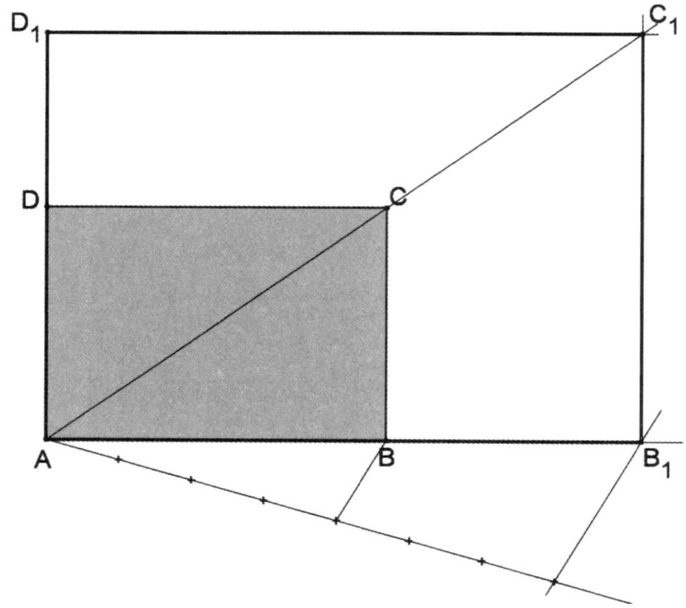

8

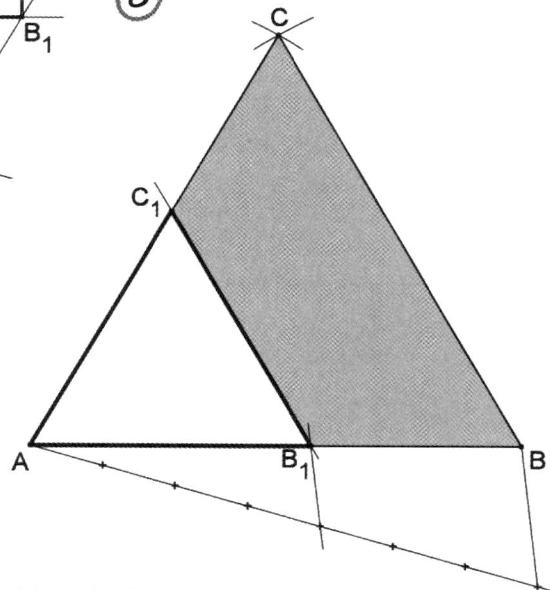

9 *Tipp*: Strecke zunächst das **Quadrat**, das um die Figur gezeichnet werden kann, im Verhältnis 3 : 5.

Um die Figur zu zeichnen, musst du die Quadratseiten der gestreckten Figur durch 3 teilen.

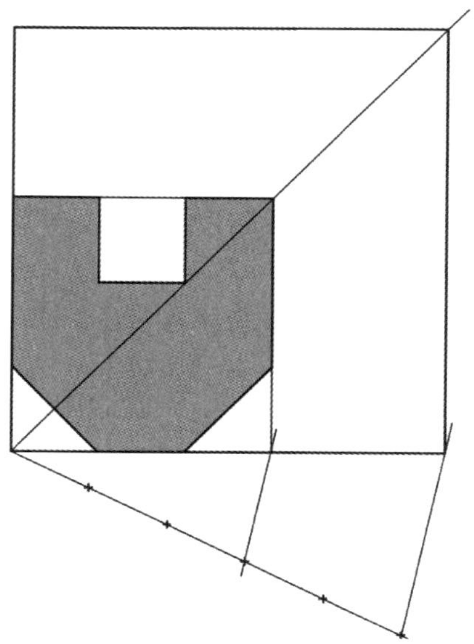

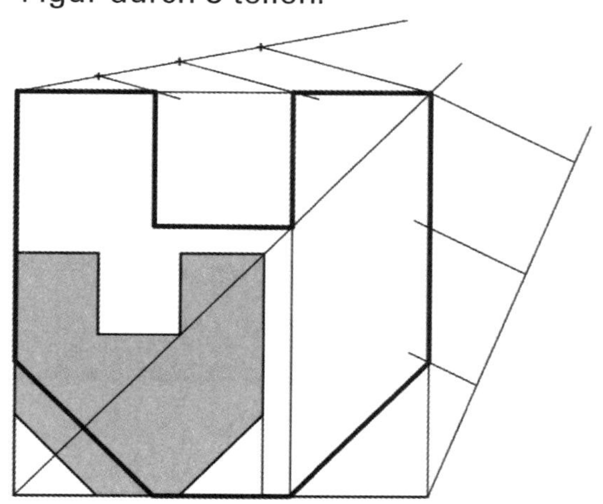

Körper

Seite 123

Gerade Prismen

(1)

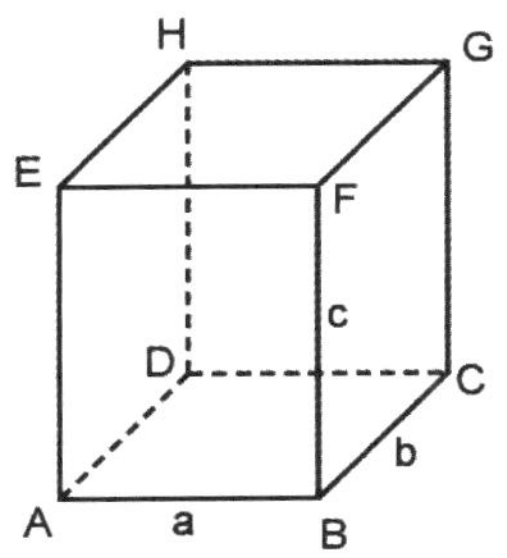

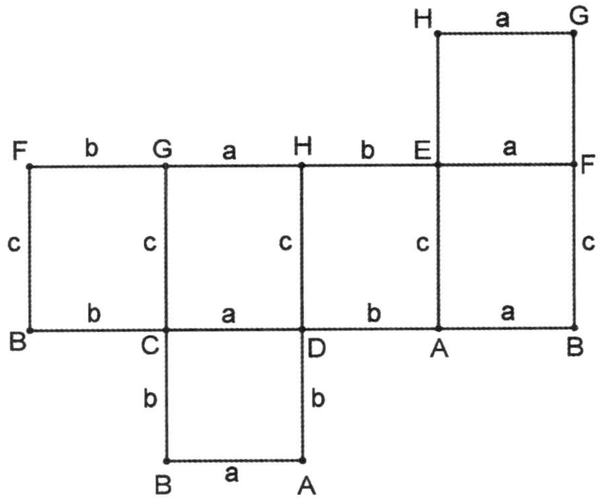

(2)

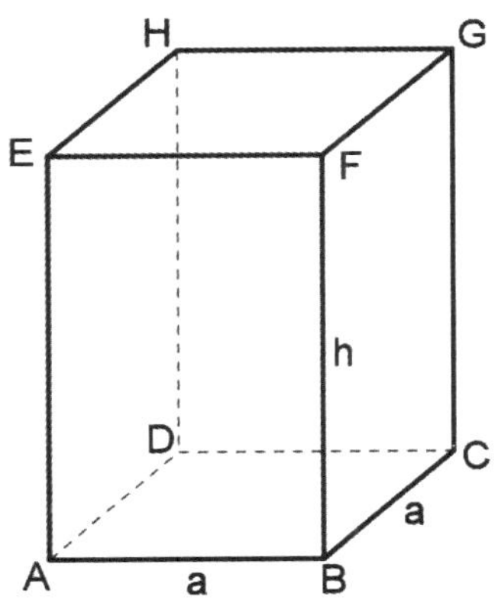

$O = 2a^2 + 4 \cdot a \cdot h$

$O = 210{,}08\ cm^2$

$V = a^2 \cdot h$

$V = 202{,}8\ cm^3$

(3) $O = 208{,}68\ cm^2$

$V = 196{,}56\ cm^3$

Seite 124

(4) $c = 6{,}5\ cm$, $O = 148{,}3\ cm^2$

(5) $m = 25{,}2\ kg$

(6) $m = 566{,}64\ kg$

(7) $m = 956{,}25\ g \approx 956\ g$

(8) $m = 30{,}912\ kg \approx 31\ kg$

Seite 127

Gerade Pyramiden

(1)

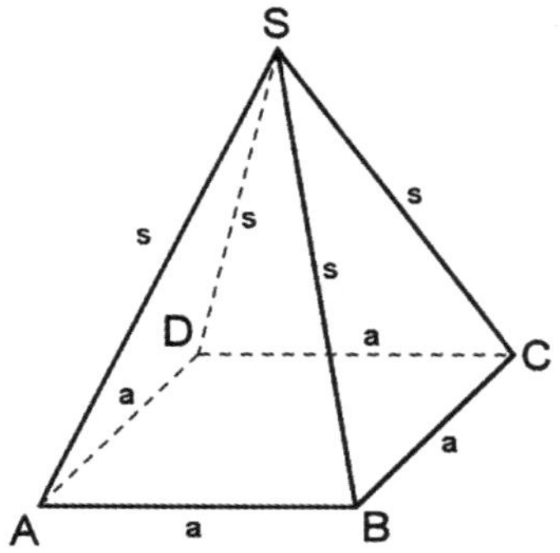

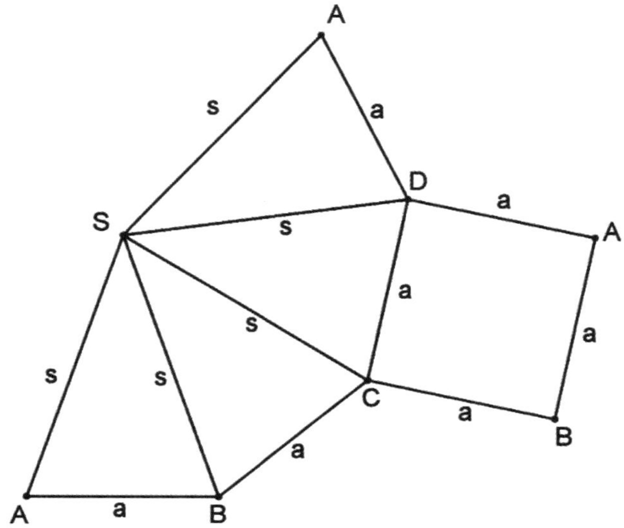

(2)

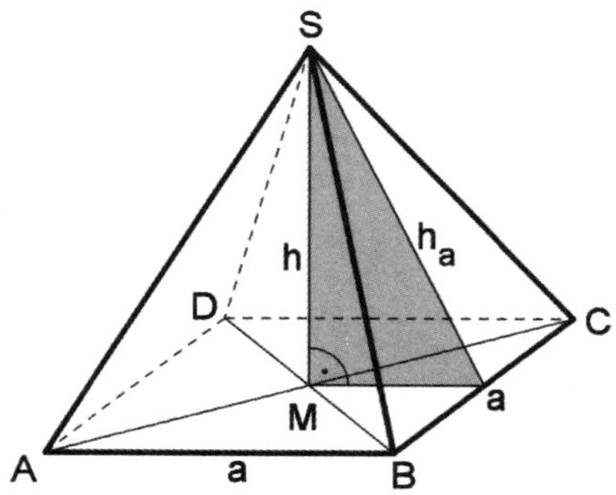

O = 124,81 cm²

V = 34,67 cm³

(3) Seitenfläche: 20 658 m²

V = 2 433 400 m³

Seite 128

(4) Der Innenraum ist 9 054 m³, die Glasoberfläche ist 1 981,45 m².

(5)

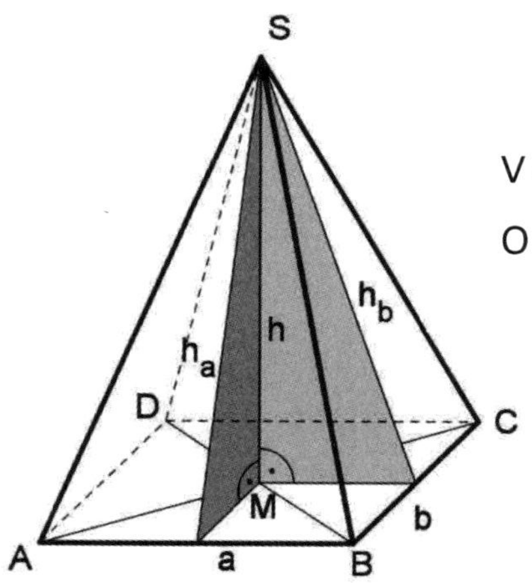

V = 32 cm³

O = 69,30 cm²

(6) h = 60 cm

(7) a = 19,36.. cm ≈ 19,4 cm

Mathematik 3

Kompetent AUFSTEIGEN ...

3. Klasse AHS • NMS

Günther Wagner / Helga Wagner

G&G

Symbolerklärung

1 Übungsaufgabe:
Die meisten Übungen kannst du im Buch erledigen, für einige Aufgaben ist es aber ratsam, wenn du dir ein Übungsheft anlegst.

In einem solchen Kästchen findest du **Musterbeispiele** zum jeweiligen Thema.

Wichtiger Merksatz! Guter Tipp! Merke dir das gut!

Dem Buch ist ein Lösungsheft zur Selbstkontrolle beigelegt.

www.ggverlag.at

ISBN 978-3-7074-1883-5

In der aktuell gültigen Rechtschreibung

1. Auflage 2015
Illustrationen: Elena Obermüller
Satz: Günther Wagner
Printed by Drukarnia Interak Sp. Z o.o., Czarnków, Polen

Vorwort

Liebe Schülerin! Lieber Schüler!

Du hältst ein Buch in der Hand, das dir helfen soll, auf einfache Art und Weise in Mathematik kompetent zu werden, damit du problemlos in die nächste Klasse aufsteigen kannst. Der Inhalt des Werkes deckt den gesamten Lehrstoff der 3. Klasse der AHS und der NMS ab.

In vielen Musterbeispielen werden alle für dich wichtigen mathematischen Begriffe und Rechenschritte erklärt. Einfache Merksätze, leicht verständliche Rechenanweisungen und zahlreiche Übungen in unterschiedlichen Schwierigkeitsgraden helfen dir dabei den Lernstoff zu wiederholen und deine Noten zu verbessern.

Arbeite die einzelnen Kapitel genau durch! Um Sicherheit beim Problemlösen und beim Rechnen zu bekommen, musst du aber immer wieder üben. Die Übungsbeispiele in diesem Buch helfen dir, fit in Mathematik zu sein.

Wir wünschen dir viel Erfolg beim Kompetent AUFSTEIGEN in Mathematik.

Liebe Eltern!

Sie halten ein Buch in der Hand, das die Mathematikkenntnisse Ihres Kindes mit einfachen Übungen und leicht verständlichen Merksätzen verbessern kann.
Das Buch „Kompetent AUFSTEIGEN in Mathematik“ ist auf die Lernziele, die Ihr Kind im 7. Schuljahr (3. Klasse AHS und NMS) erreichen soll, abgestimmt. Das Werk ist so aufgebaut, dass selbstständiges Lernen möglich ist.

Zum Umgang mit diesem Buch:
Die einzelnen Kapitel werden mit einem Theorieteil eingeleitet. In einfachen Erklärungen und mit leicht verständlichen Musterbeispielen werden die Grundlagen für die folgenden Übungen gelegt. Das beigelegte Lösungsheft ermöglicht eine sichere Kontrolle.

Viel Erfolg für Ihr Kind wünschen Ihnen

Helga Wagner und Günther Wagner

Inhalt

Die vier Grundrechnungsarten

Addition, Subtraktion, Multiplikation, Division

Formeln und wichtige Begriffe

Addition: a + b = c Summand plus Summand = Summe	**Subtraktion:** a − b = c Minuend minus Subtrahend = Differenz
Multiplikation: a · b = c Faktor mal Faktor = Produkt	**Division:** a : b = c Dividend durch Divisor = Quotient $b \neq 0$, durch null darf man nicht dividieren.

Rechnen mit und ohne Taschenrechner

Bei **Addition und Subtraktion** musst du **stellenwertrichtig untereinanderschreiben!**

Beispiel:

$$\begin{array}{r} 236{,}45 \\ +\ 17{,}3 \\ \hline 253{,}75 \end{array} \qquad \begin{array}{r} 1525{,}6 \\ -\ 932{,}24 \\ \hline 593{,}36 \end{array}$$

Achte darauf, dass jeweils die **Kommas genau untereinander** stehen! Alle anderen Stellen richten sich nach dem Komma!

Du kannst auch den **Taschenrechner** (TR) verwenden.

Tastenfolge: [CLEAR] 1525 [.] 6 [−] 932 [.] 24 [=] 593,36

Wenn dein TR eine mehrzeilige Anzeige (ein mehrzeiliges Display) hat, dann siehst du nach Beendigung der Eingabe mit [=] oder [ENTER] nicht nur das Ergebnis, sondern die ganze Rechnung. Du kannst die Eingabe noch einmal kontrollieren.

Tipp: Drücke vor **jeder** neuen Rechnung die [CLEAR]-Taste oder [CE/C], mit der das Register (der Inhalt) des TR gelöscht wird.

Auch wenn du mit dem Taschenrechner rechnest, solltest du immer eine **Überschlagsrechnung** (Ü) durchführen. Der Taschenrechner irrt sich zwar nicht, du kannst dich aber vertippt haben.

Überschlagsrechnungen dienen zum schnellen Abschätzen des Ergebnisses einer Rechnung. Dabei werden die Zahlen gerundet.

Überschlagsrechnung zur Subtraktion im vorigen Beispiel:

$1525{,}6 \approx 1500$ $\quad$ $1500 - 900 = 600$

$932{,}24 \approx 900$

Bei der **Multiplikation** musst du auf die **Gesamtanzahl der Dezimalstellen** achten! Multipliziere, als ob es kein Komma gäbe. Dann zähle die Dezimalstellen der beiden Faktoren zusammen. Im Produkt müssen genauso viele Dezimalstellen vorhanden sein.

Beispiel: Berechne $24{,}83 \cdot 37{,}8$! Führe zunächst eine Überschlagsrechnung durch!

Überschlagsrechnung:

Ü: $24{,}83 \approx 20$ $\quad 20 \cdot 40 = 800$

$37{,}8 \approx 40$

$24{,}83 \cdot 37{,}8$	(2 + 1) Dezimalstellen	Kontrolle mit dem TR
7449		Tastenfolge:
17381		[C] 24 [.] 83 [x] 37 [.] 8 [=]
19864		
938,574	3 Dezimalstellen	Anzeige: 938.574

Bei der **Division** musst du **auf den Stellenwert achten!** Verschiebe das Komma im Divisor und im Dividenden um gleich viele Stellen, damit der Divisor eine natürliche Zahl wird.

Beispiel: Berechne $66{,}59 : 9{,}2$! Gib 2 Dezimalstellen an! Führe zunächst eine Überschlagsrechnung durch und kontrolliere mit dem Taschenrechner!

Überschlagsrechnung:

Ü: $66{,}59 \approx 70$ $\quad 70 : 10 = 7$

$9{,}2 \approx 10$

$66{,}59 : 9{,}2 =$ Verschieben des Kommas um eine Stelle, im Divisor fällt das Komma weg.

$665{,}9 : 92 = 7{,}23$ 92 ist in 665 enthalten. Die höchste Stelle im Divisor ist die Einer-Stelle.

219

350

74

Kontrolle mit dem TR:

Tastenfolge:

[C] 66 [.] 59 [:] 9 [.] 2 [=] Anzeige: 7.238043478

Anmerkung:

Du kannst mit dem Taschenrechner auch den **genauen Rest** ausrechnen.

$66{,}59 - 9{,}2 \cdot 7{,}23 = 0{,}074$ Rest: 0,074

Formel: Dividend minus (Divisor mal Quotient) = Rest

Die vier Grundrechnungsarten

1 Berechne! Führe zunächst eine Überschlagsrechnung durch und kontrolliere mit dem Taschenrechner!

a) 6,58 + 1,2 – 0,75 – 4,53 = Ü:

b) 28,5 – 10,05 + 3,6 – 4,75 = Ü:

---

2 Berechne 35,7 – 18,9 + 34,2 – 9,1 – 18,7 vorteilhaft, indem du zuerst
- alle Summanden addierst
- alle Subtrahenden addierst!

Kreuze die richtige Möglichkeit an und berechne!

☐ 35,7 – (18,9 + 34,2) – (9,1 – 18,7)
☐ (35,7 + 34,2) – (18,9 + 9,1 + 18,7)
☐ (35,7 – 18,9 + 34,2) – (9,1 – 18,7)

---

3 a) Gib jeweils die Zeilen und die Spaltensummen an und berechne die Gesamtsumme auf zwei Arten!

115,83	+	61,75	+	378,06	=	______
78,4	+	519,56	+	31,9	=	______
67,23	+	307,76	+	78,5	=	______
______	+	______	+	______	=	______

b) Addiere alle gegebenen Zahlen mit dem Taschenrechner! Welches Ergebnis bekommst du? Begründe!

---

4 Berechne! Führe zunächst eine Überschlagsrechnung durch und kontrolliere mit dem Taschenrechner!

a) 45,26 · 1,55 = b) 364,7 · 23,6 = c) 241,5 · 78,6 =

---

5 Berechne mit dem Taschenrechner, gib 2 Dezimalstellen an! Führe zunächst eine Überschlagsrechnung durch! Berechne auch den genauen Rest!

a) 78,56 : 23,64 = b) 957,93 : 237,8 = c) 1 237,5 : 568,8 =

Rechengesetze

Vertauschungsgesetz (Kommutativgesetz) der Addition

Bei der Addition kann man die Reihenfolge der Summanden vertauschen.

Formel: $a + b = b + a$

Beispiel: Zeige mit Hilfe der Zahlen 13 und 25, dass das Vertauschungsgesetz der Addition gilt!

$13 + 25 = 38$
$25 + 13 = 38$ $\Rightarrow$ $13 + 25 = 25 + 13$ w. A.

Verbindungsgesetz (Assoziativgesetz) der Addition

Bei der Addition kann man zu beliebigen Teilsummen zusammenfassen.

Formel: $a + b + c = (a + b) + c = a + (b + c)$

Beispiel: Zeige mit Hilfe der Zahlen 25, 35 und 65, dass das Verbindungsgesetz der Addition gilt!

$(25 + 35) + 65 =$
$= 60 + 65 = 125$
$25 + (35 + 65) =$
$= 25 + 100 = 125$

$\Rightarrow$ $(25 + 35) + 65 = 25 + (35 + 65)$ w. A.

Beachte die **Klammerregel**:
Rechnungen in der Klammer werden **zuerst** ausgeführt.

Vertauschungsgesetz (Kommutativgesetz) der Multiplikation

Beim **Multiplizieren** kommt es auf die Reihenfolge der Faktoren nicht an.

Bei der Multiplikation kann man die Reihenfolge der Faktoren vertauschen.

Formel: $a \cdot b = b \cdot a$

Beispiel: Zeige mit Hilfe der Zahlen 56 und 23, dass das Vertauschungsgesetz der Multiplikation gilt!

$56 \cdot 23 = 1\,228$
$23 \cdot 56 = 1\,228$

$56 \cdot 23$	$23 \cdot 56$
112	115
168	138
1288	1288

$\Rightarrow$ $56 \cdot 23 = 23 \cdot 56$ w. A.

Verbindungsgesetz (Assoziativgesetz) der Multiplikation

Bei der Multiplikation kann man zu beliebigen Teilprodukten zusammenfassen.

Formel: $a \cdot b \cdot c = (a \cdot b) \cdot c = a \cdot (b \cdot c)$

Beispiel: Zeige mit Hilfe der Zahlen 2, 3 und 5, dass das Verbindungsgesetz der Multiplikation gilt!

$(2 \cdot 3) \cdot 5 =$
$= 6 \cdot 5 = 30$
$2 \cdot (3 \cdot 5) =$
$= 2 \cdot 15 = 30$

$\Rightarrow (2 \cdot 3) \cdot 5 = 2 \cdot (3 \cdot 5)$ w. A.

Multiplikation mit 1

Wenn du eine Zahl mit 1 multiplizierst, ändert sich die Zahl nicht.

Formel: $a \cdot 1 = a$

Multiplikation mit 0

Wenn du eine Zahl mit 0 multiplizierst, ist das Ergebnis 0.

Formel: $a \cdot 0 = 0$

Zusammenfassung der Rechenarten

Addition und Subtraktion sind **entgegengesetzte Rechnungsarten.**

Du kannst damit zum Beispiel die Probe für die Subtraktion machen.

Beispiel: Berechne 238 – 145 und führe eine Probe durch!

$$\begin{array}{r} 238 \\ -\,145 \\ \hline 93 \end{array}$$

Probe mit der Addition:

$$\begin{array}{r} 93 \\ +\,145 \\ \hline 238 \end{array}$$

Multiplikation und Division sind **entgegengesetzte Rechnungsarten.**

Du kannst damit zum Beispiel die Probe für die Division machen.

Beispiel: Berechne 400 : 16 und führe eine Probe durch!

$$\begin{array}{l} 400 : 16 = 25 \\ \ \ 80 \\ \ \ \ \ 0 \end{array}$$

Probe mit der Multiplikation:

$$\begin{array}{r} 25 \cdot 16 \\ 150 \\ \hline 400 \end{array}$$

Verbindung der vier Grundrechnungsarten

Vorrangregel: Zuerst werden die Rechnungsarten zweiter Stufe (Multiplikation, Division) ausgeführt, dann die Rechnungsarten erster Stufe (Addition, Subtraktion). „Punktrechnung vor Strichrechnung!"

Klammerregel: Kommen in einer Rechnung Klammern vor, so werden die Rechnungen in der Klammer zuerst berechnet.

Insgesamt gilt: KLA – PU – STRI
„Klammer – Punktrechnung – Strichrechnung"

Beispiel: Berechne!

$65{,}8 - (5{,}4 + 14{,}6) \cdot 1{,}5 =$ — 1. Rechnung in der Klammer

$= 65{,}8 - 20{,}0 \cdot 1{,}5 =$ — 2. Punkt- vor Strichrechnung

$= 65{,}8 - 30 = 35{,}8$

Rechnen mit Bruchzahlen

Addieren	**Gleichnamige Brüche**: Die Zähler werden addiert, der Nenner bleibt gleich. **Ungleichnamige Brüche** müssen zuerst auf gleichen Nenner gebracht werden.
Subtrahieren	**Gleichnamige Brüche**: Die Zähler werden subtrahiert, der Nenner bleibt gleich. **Ungleichnamige Brüche** müssen zuerst auf gleichen Nenner gebracht werden.
Multiplizieren	Brüche werden multipliziert, indem man Zähler mit Zähler und Nenner mit Nenner multipliziert.
Dividieren	Eine Zahl wird durch einen Bruch dividiert, indem man den ersten Bruch mit dem Kehrwert des zweiten Bruchs multipliziert.

Auch beim Rechnen mit Bruchzahlen gelten die Vorrangregeln und die Klammerregel.

Beispiel: Berechne!

a) $3\frac{2}{5} : \left(\frac{3}{5} + \frac{1}{4}\right) =$ — 1. Addition in der Klammer

$= 3\frac{2}{5} : \left(\frac{12}{20} + \frac{5}{20}\right) =$ — Auf gleichen Nenner bringen und addieren

$= \frac{17}{5} : \frac{17}{20} =$ — 2. Division

$= \frac{\cancel{17}^{1}}{\cancel{5}_{1}} \cdot \frac{\cancel{20}^{4}}{\cancel{17}_{1}} = 4$ — Mit dem Kehrwert multiplizieren und kürzen

b) $5\frac{1}{2}+4\frac{2}{3}\cdot 3\frac{3}{4}-\frac{3}{8}=$ 1. Punkt- vor Strichrechnung ⇒ Multiplikation

$=5\frac{1}{2}+\frac{{}^{7}\cancel{14}}{{}_{1}\cancel{3}}\cdot\frac{\cancel{15}^{5}}{\cancel{4}_{2}}-\frac{3}{8}=$ Verwandeln in unechte Brüche, kürzen und multiplizieren

$=\frac{11}{2}+\frac{35}{2}-\frac{3}{8}=$ 2. Strichrechnungen

$=\frac{46}{2}-\frac{3}{8}=$

$=23-\frac{3}{8}=22\frac{5}{8}$

Bruchzahlen mit dem Taschenrechner

Viele Taschenrechner haben eine eigene Taste für Brüche, zum Beispiel:

[a b/c] oder [□/□]

Lies in der Betriebsanleitung nach, wie das Bruchrechnen mit deinem TR funktioniert.

Beachte: Beim Umrechnen von Brüchen in Dezimalzahlen gibt der TR „nur" endlich viele Stellen an. Das ist meist ausreichend, stellt aber trotzdem nur einen Näherungswert dar.

Z. B.: $\frac{1}{3}=0,\overline{3}$ … genauer Wert

TR: [C] 1 [÷] 3 [=] Anzeige: 0.333333333
Der TR gibt nur den Näherungswert z. B. auf 9 Stellen an.

Oft gibt der Taschenrechner auch an der letzten Stelle eine gerundete Ziffer an.

Z. B.: $\frac{2}{3}$ (= 2 : 3) Anzeige: 0.666666667

Beachte auch, dass du manchmal Klammern setzen musst, wenn du mit dem TR den Wert eines Bruches berechnest.

Beispiel:

$\frac{10}{4+1}$ richtige Tastenfolge: [C] 10 [÷] [(] 4 [+] 1 [)] [=]

Wenn du 10 [÷] 4 [+] 1 eingibst, rechnet der TR $\frac{10}{4}+1$

Beispiel: Kreuze die Tastenfolge an, die zum richtigen Resultat führt!

$\frac{6-4}{2\cdot 3+7}=0{,}15384\ldots\approx 0{,}1538$

☐ [C] 6 [–] 4 [÷] [(] 2 [x] 3 [+] 7 [)] [=]

☒ [C] [(] 6 [–] 4 [)] [÷] [(] 2 [x] 3 [+] 7 [)] [=]

☐ [C] 6 [–] 4 [÷] 2 [x] 3 [+] 7 [=]

Verbindung der vier Grundrechnungsarten

1 Berechne! Führe zunächst eine Überschlagsrechnung durch und kontrolliere mit dem Taschenrechner!

a) $(83{,}4 + 12{,}7) \cdot 1{,}8 - 51{,}4 =$

Ü:

b) $135{,}67 - (11{,}5 - 6{,}35) \cdot 2{,}6 =$

Ü:

---

2 Berechne mit dem Taschenrechner! Kreuze die richtige Lösung an!

a) $38{,}75 - (46{,}3 - 14{,}2 \cdot 2{,}5) + (13{,}65 - 6{,}7) \cdot 8{,}3 =$

☐ 95,635 ☐ 85,635 ☐ 107,235

b) $(81{,}92 + 26{,}2) : 3{,}4 + 16{,}82 \cdot (28{,}7 - 4{,}8 \cdot 5{,}2) =$

☐ 934,3612 ☐ 947,068 ☐ 94,7068

---

3 Berechne ohne Taschenrechner!

a) $2\frac{1}{2} + \frac{2}{3} \cdot \frac{3}{5} =$

b) $3\frac{3}{10} - \frac{3}{5} : \frac{6}{7} =$

c) $\left(\frac{4}{5} + 1\frac{1}{2}\right) \cdot 3\frac{1}{2} =$

d) $\left(\frac{5}{6} + 1\frac{1}{3}\right) : 1\frac{1}{6} =$

---

4 Berechne mit dem Taschenrechner! Kreuze die richtige Lösung an!!

a) $\left(3\frac{1}{2} + 2\frac{3}{4}\right) \cdot 1\frac{1}{3} =$ ☐ $3\frac{1}{8}$ ☐ $\frac{29}{3}$ ☐ $8\frac{1}{3}$

b) $\left(2\frac{1}{4} - \frac{3}{8}\right) : 2\frac{13}{16} =$ ☐ $\frac{3}{2}$ ☐ $\frac{2}{3}$ ☐ $1\frac{1}{3}$

c) $16\frac{3}{4} - \left(4\frac{7}{8} + 2\frac{1}{4}\right) : 2\frac{3}{8} - \left(6\frac{1}{2} - 4\frac{1}{3}\right) \cdot 1\frac{1}{4} =$ ☐ $1\frac{1}{64}$ ☐ $5\frac{3}{8}$ ☐ $11\frac{1}{24}$

Ganze Zahlen

Positive und negative Zahlen

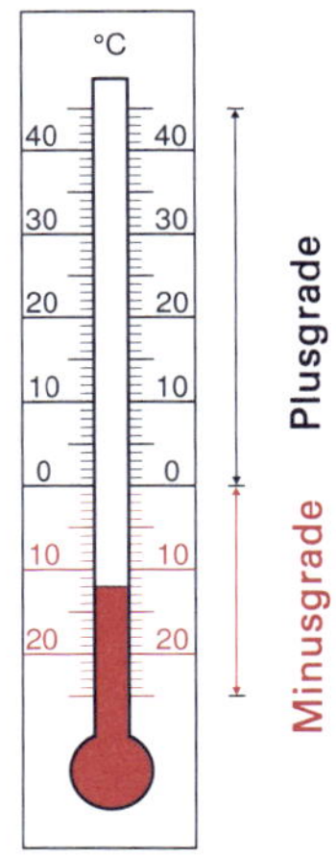

Du weißt, dass man auf einem Thermometer Plus- und Minusgrade unterscheidet. An einem Wintermorgen hat es minus 12 Grad Celsius. Man schreibt: –12° C. Zu Mittag hat es plus 5 Grad Celsius. Man schreibt: +5° C.

Um den Temperaturunterschied anzugeben, kannst du die Skala des dargestellten Thermometers verwenden. Die Temperatur steigt im Laufe des Tages um 17° an. Man kann auch sagen: Der Temperaturunterschied beträgt 17°.

In der Mathematik bezeichnet man eine Zahl, vor der ein „+“ steht, als **positive Zahl**. Steht vor der Zahl ein „–“, dann heißt sie **negative Zahl**. Das Plus- bzw. das Minuszeichen, das vor einer Zahl steht, heißt **Vorzeichen.** Wenn es keine Verwechslung gibt, kann man das Vorzeichen „+“ bei positiven Zahlen weglassen.

Positive und negative Zahlen verwendet man zum Beispiel zur

- Angabe von **Temperaturwerten**:

Wetterkarte

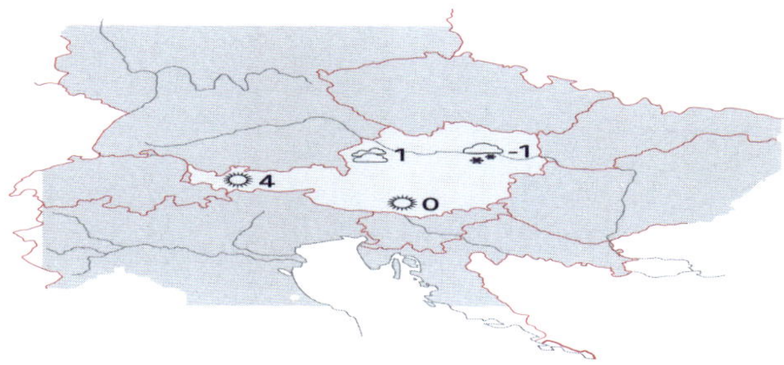

- Angabe eines **Kontostandes im Bankwesen**:

Guthaben	+936 €	Das ist ein Plusbetrag.
Überziehung	–255 €	Das Konto ist um 255 € überzogen. Der Kontoinhaber hat 255 € Schulden.

- Angabe von **Höhen in der Geographie**:

Schneeberg	2 075 m	Die Spitze des Schneeberges liegt 2 075 m über (+) dem Meeresspiegel.
Death Valley (USA)	– 86 m	Das Death Valley liegt 86 m unter (–) dem Meeresspiegel.

Die Menge der ganzen Zahlen

Alle ganzen Zahlen können zu einer Menge zusammengefasst werden. Man schreibt:

$\mathbb{Z} = \{\ldots, -3, -2, -1, 0, +1, +2, +3, \ldots\}$ **Menge der ganzen Zahlen**

Die Menge der ganzen Zahlen enthält neben den negativen und den positiven Zahlen auch die Zahl null. Da null weder negativ noch positiv ist, hat null auch kein Vorzeichen.

Vorgänger und Nachfolger von ganzen Zahlen

Jede ganze Zahl hat einen **Vorgänger** und einen **Nachfolger**. Es gibt daher weder eine größte noch eine kleinste ganze Zahl. Z. B. –1 ist Vorgänger von 0 und Nachfolger von –2.

Darstellen von ganzen Zahlen auf der Zahlengeraden

Man kann die ganzen Zahlen auf einer **Zahlengeraden** darstellen.

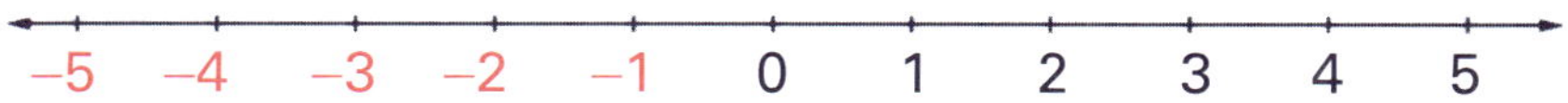

Auf der Zahlengeraden liegen

links von null die negativen Zahlen	null	rechts von null die positiven Zahlen
MINUS-ZAHLEN		PLUS-ZAHLEN

Anmerkung:
Da es sich bei der Zahlengeraden um eine Gerade handelt, werden die Pfeile im Allgemeinen weggelassen.

Beispiel: Zeichne eine Zahlengerade und kennzeichne die Zahlen –3, –1, + 2, +4!

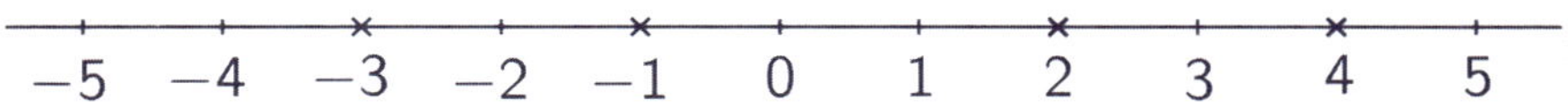

Von zwei verschiedenen Zahlen liegt die **kleinere Zahl** immer weiter **links** auf der Zahlengeraden.

Beispiel: Gib drei ganze Zahlen an, die die Ungleichung $x < -2$ erfüllen!

Du kannst zur Lösung eine Zahlengerade verwenden.

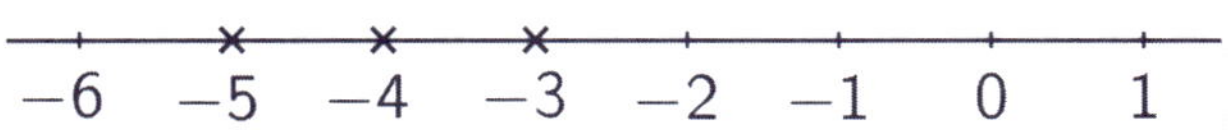

–3 liegt links von –2, ist daher kleiner
–4 liegt links von –2, ist daher kleiner
–5 liegt links von –2, ist daher kleiner

Beispiel: Gib alle ganzen Zahlen an, die die Ungleichung $-4 < x \le +2$ erfüllen!

Du kannst zur Lösung wieder eine Zahlengerade verwenden.

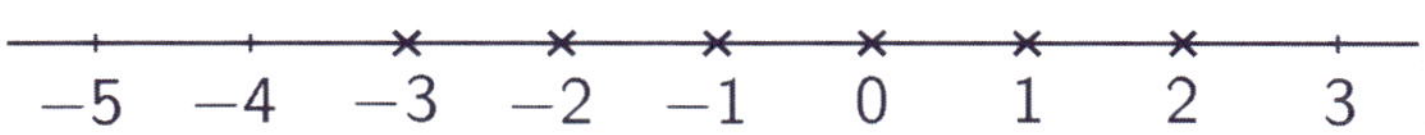

Die gesuchten Zahlen sind: –3, –2, –1, 0, +1, +2

Beachte:

Für $x = -4$ gilt: $-4 < -4$ ist eine falsche Aussage, daher erfüllt –4 die Ungleichung nicht!
Für $x = +2$ gilt: $+2 \le +2$ ist hingegen eine wahre Aussage, daher erfüllt +2 die Ungleichung.

Positive und negative Zahlen

1 Zeichne eine Zahlengerade und kennzeichne die folgenden Zahlen:

–4, +2, +5, –1, +6, –6, 0, –3, +1, –5

2 Ordne die Zahlen der Größe nach, beginne mit der kleinsten Zahl!

+2, –4, +8, –9, –1, +3, +6, –17

3 Auf einer Wetterkarte findet man die Temperaturen von Wien, Salzburg, Innsbruck und Klagenfurt.

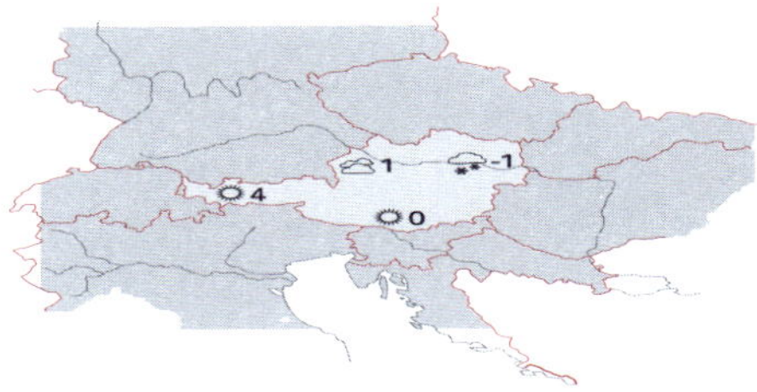

- Am kältesten ist es in ________________ .
- In Innsbruck ist es um ___ ° C ___________ (kälter/wärmer) als in Wien.
- In Klagenfurt ist es um ___ ° C wärmer als in __________ .
- In Salzburg ist es wärmer als in _________________________ und kälter als in _________ .
- Am nächsten Tag ist die Temperatur in Wien um 3° C gestiegen, in Innsbruck um 5° C gefallen. In Wien hat es nun ___ ° C, in Innsbruck ___ ° C.

4 Ein Thermometer zeigt (1) +5° C, (2) 0° C, (3) –1° C (4) –4° C. Ergänze!

	Temperatur steigt um		Temperatur fällt um	
	3° C	5° C	2° C	4° C
+5° C				
0° C				
–1° C				
–4° C				

5 Bestimme Vorgänger und Nachfolger der Zahlen!

a) ___ , –8, ___ b) ___ , 0, ___ c) ___ –100, ___

6 Setze fort!

a) –13, –11, –9, ___, ___, ___, ___, ___, 3

b) –24, –20, –16, ___, ___, ___, ___, ___, ___, ___, 16

c) +34, +27, +20, ___, ___, ___, ___, ___, ___, ___, –36

Der (absolute) Betrag einer Zahl

Lässt man bei einer Zahl das Vorzeichen weg, so erhält man den absoluten Betrag der Zahl. Man schreibt: $|a|$ … **absoluter Betrag der Zahl a**

Meistens wird das Wort absolut weggelassen und man sagt nur „Betrag der Zahl“.

$|-3| = 3$ $\quad |+2| = 2$ $\quad |4| = 4$

Der **Betrag** einer Zahl ist auch der **Abstand der Zahl vom Nullpunkt** auf der Zahlengeraden!

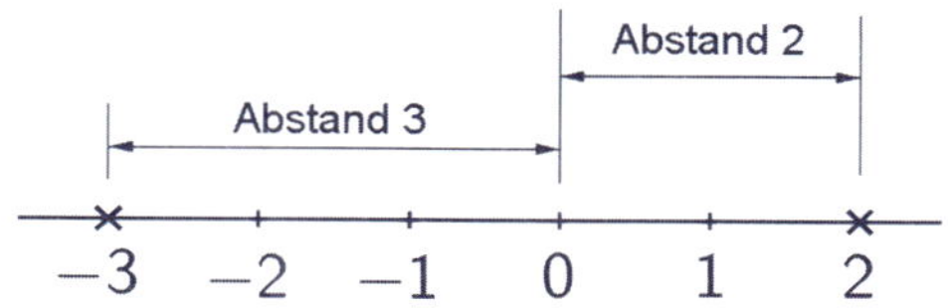

Beispiel: Setze eines der Zeichen (<, >, =) ein, sodass die Aussage stimmt!

a) $|-3|$ ☐ 3 $\qquad |-3| = 3$ $\qquad \Rightarrow |-3| = 3$

b) $|-5|$ ☐ $|+2|$ $\qquad |-5| = 5 \quad |+2| = 2$ $\qquad$ da $5 > 2 \Rightarrow |-5| > |+2|$

c) -23 ☐ $|-23|$ $\qquad |-23| = 23$ $\qquad$ da $-23 < 23 \Rightarrow -23 < |-23|$

Beispiel: Gib für die Zahlen −2, −5, +4, +1, −6, −3, − 8 den Betrag an und ordne die Zahlen nach ihren Beträgen!

$|-2| = 2 \quad |-5| = 5 \quad |+4| = 4 \quad |+1| = 1 \quad |-6| = 6 \quad |-3| = 3 \quad |-8| = 8$

Es gilt: $1 < 2 < 3 < 4 < 5 < 6 < 8$

$\Rightarrow |+1| < |-2| < |-3| < |+4| < |-5| < |-6| < |-8|$

Beispiel: Welche Zahlen sind Lösung der Gleichung $|x| = 3$?

Es gibt zwei Zahlen, deren Betrag gleich 3 ist: −3 und +3.

$|-3| = 3$ und $|+3| = 3$ $\qquad$ Lösung: −3, +3

Beispiel: Welche Zahlen sind Lösung der Ungleichung $|x| \leq 4$?
Stelle sie auch auf der Zahlengeraden dar!

Alle Zahlen, deren Betrag 0, 1, 2, 3 oder 4 ist, sind Lösung dieser Ungleichung.

$|0| = 0,$

$|-1| = 1, \quad |+1| = 1$

$|-2| = 2, \quad |+2| = 2$

$|-3| = 3, \quad |+3| = 3$

$|-4| = 4, \quad |+4| = 4$ $\qquad$ Lösung: −4, −3, −2, −1, 0, +1, +2, +3, +4

graphische Darstellung:

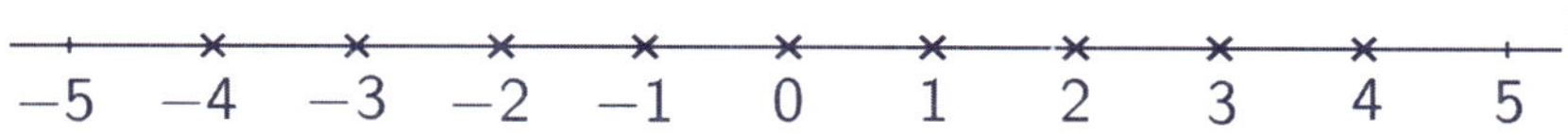

Beispiel: Welche der Aussagen (1) $-2 > -5$
(2) $-2 < -5$ ist eine wahre Aussage?
Zwei der folgenden Begründungen sind richtig. Kreuze sie an!

☐ $-2 < -5$, weil 5 größer als 2 ist.

☐ $-2 < -5$, weil 2 auf der Zahlengeraden links von 5 liegt.

☐ $-2 > -5$, weil $-2°$ wärmer ist als $-5°$.

☐ $-2 > -5$, weil -2 auf der Zahlengeraden rechts von -5 liegt.

Lösung:
Wenn du z. B. die Zahlengerade betrachtest, siehst du, dass $-2 > -5$ eine wahre Aussage ist.

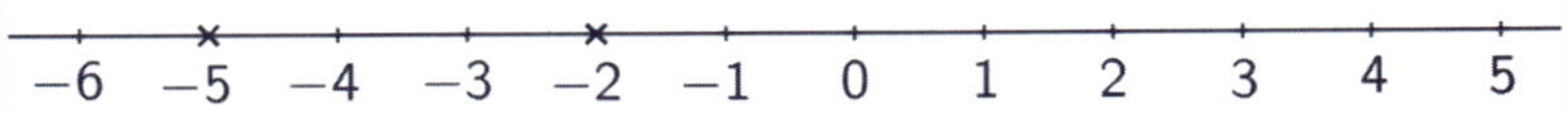

-2 liegt weiter rechts, ist also größer. Es ist also die vierte Begründung richtig.

☒ $-2 > -5$, weil -2 auf der Zahlengeraden rechts von -5 liegt.

Eine weitere richtige Begründung ist

☒ $-2 > -5$, weil $-2°$ wärmer ist als $-5°$.

Tatsächlich ist es bei $-5°$ C kälter als bei $-2°$ C. Es gilt $-5°$ C $< -2°$ C und daher $-2 > -5$.

Gegenzahl

Zwei Zahlen, die sich nur durch das Vorzeichen unterscheiden, heißen Gegenzahlen oder entgegengesetzte Zahlen. **Gegenzahlen** haben den **gleichen Betrag**, d. h., sie haben auf der Zahlengeraden vom Nullpunkt denselben Abstand.
Es gilt: $|+a| = |-a|$

-2 ist die Gegenzahl zu $+2$
$+2$ ist die Gegenzahl zu -2

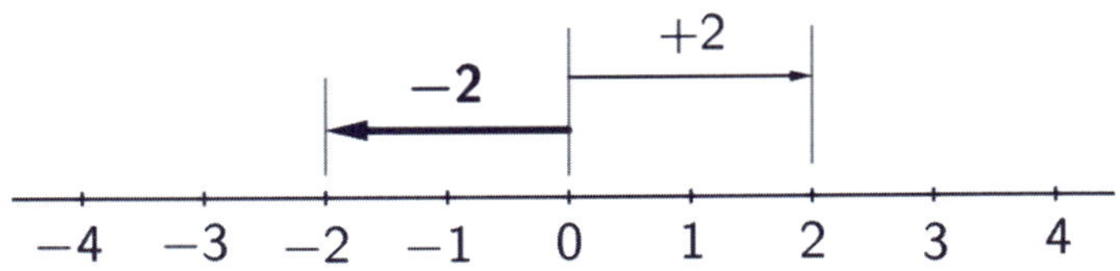

Beispiel: Ergänze die Tabelle!

	a)	b)	c)	d)	
Zahl	+11	−25	−9	+6	−6
Gegenzahl	−11	+25	+9	−6	+6
Betrag	11	25	9	6	

Bei d) gibt es zwei Lösungen: Zahl: +6, Gegenzahl: −6
oder: Zahl: −6, Gegenzahl: +6

Positive, negative Zahlen, Betrag und Gegenzahl

1 Gib den Betrag der gegebenen Zahlen an!

+3, −5, +8, −12, −2, +5, +13, −19

2 Kreuze die Zahlen an, die die Ungleichung erfüllen!

a) $x < -3$ ☐ −6 ☐ −5 ☐ −3 ☐ −1 ☐ 0

b) $y \geq -5$ ☐ −6 ☐ −5 ☐ −4 ☐ 0 ☐ 2

c) $z < |-6|$ ☐ −2 ☐ 0 ☐ 2 ☐ 4 ☐ 6

d) $x > |-4|$ ☐ −2 ☐ 2 ☐ 4 ☐ 6 ☐ 8

3 Gib die Gegenzahl und den Betrag der gegebenen Zahlen an!

+5, −2, +1, −18, −8, +32, +81, −14

4 Setze eines der Zeichen (<, >, =) ein, sodass die Aussage stimmt!

a) $|-5|$ ☐ 5 b) $|-4|$ ☐ $|+3|$ c) −7 ☐ $|-7|$ d) 6 ☐ $|-8|$

5 Welche ganzen Zahlen erfüllen die Ungleichung? Stelle die Zahlen auf der Zahlengeraden dar!

a) $-3 < x < +2$ b) $-5 \leq x < +3$

6 Gib für die gegebenen Zahlen eine Ungleichung an!

a) −5, −4, −3, −2, −1, 0, +1, +2 b) −2, −1, 0, +1, +2, +3, +4, +5, +6

7 Gib für die gegebenen Zahlen eine Ungleichung mit einem Betrag an!

a) −2, −1, 0, +1, +2 b) −4, −3, −2, −1, 0, +1, +2, +3, +4

Addition und Subtraktion mit positiven und negativen Zahlen

Addieren von Zahlen mit gleichen Vorzeichen

Beispiel: Wenn du 2 € in deiner Geldbörse hast und dein Taschengeld von 5 € dazugibst, dann hast du natürlich 7 € in deiner Geldbörse.

Rechnung: $(+2) + (+5) = (+7)$

Du hast zu deinem Guthaben von +2 € noch +5 € dazugegeben (addiert).

Diese Addition kann man auch mit Pfeilen auf der Zahlengeraden veranschaulichen:

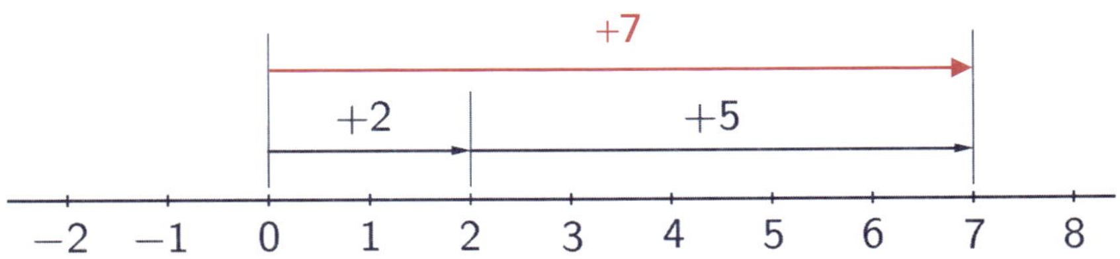

Der erste Pfeil, der die Zahl +2 darstellt, beginnt beim Nullpunkt und ist 2 cm lang. Da es sich um ein **Guthaben** handelt, zeigt er **nach rechts** in **Richtung** der **„positiven Zahlengeraden“** (Plusbereich).

Der zweite Pfeil, der +5 darstellt, ist ebenfalls nach rechts gerichtet, da es sich auch hier um ein Guthaben handelt. Der zweite Pfeil wird zum ersten Pfeil dazugegeben (addiert), d. h., er beginnt bei der Spitze des ersten Pfeils. Der Summenpfeil reicht vom Nullpunkt bis zur Spitze des zweiten Pfeils.

Beispiel: Du schuldest einem Freund 3 € und musst dir noch 2 € für eine Fahrkarte ausborgen. Wie viel Euro Schulden hast du dann?

Rechnung: $(-3) + (-2) = (-5)$ Du hast insgesamt 5 € Schulden.

Du hast deine Schulden von −3 € noch um −2 € vermehrt (addiert).

Veranschaulichung auf der Zahlengeraden:

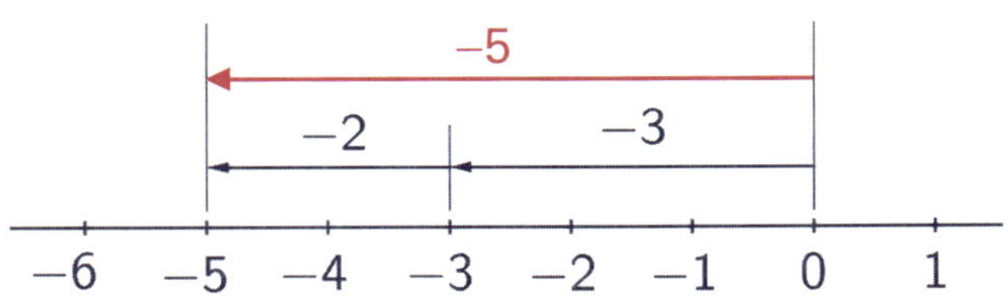

Der erste Pfeil, der die Zahl −3 darstellt, beginnt beim Nullpunkt und ist 3 cm lang. Da es sich um **Schulden** handelt, zeigt er **nach links** in **Richtung** der **„negativen Zahlengeraden“** (Minusbereich).

Der zweite Pfeil, der −2 darstellt, ist ebenfalls nach links gerichtet, da es sich auch hier um Schulden handelt. Der zweite Pfeil wird zum ersten Pfeil dazugegeben (addiert), d. h., er beginnt bei der Spitze des ersten Pfeils. Der Summenpfeil reicht vom Nullpunkt bis zur Spitze des zweiten Pfeils.

Beim Addieren von Zahlen mit gleichem Vorzeichen gehst du so vor:

- Denke dir die Vorzeichen der Zahlen weg.
- Addiere die beiden Zahlen.
- Der Summe wird das gemeinsame Vorzeichen vorangestellt.

Beispiel: Berechne!

a) $(+2) + (+5) = (+7)$ Beide Zahlen haben dasselbe Vorzeichen!
Denke dir die Vorzeichen weg und addiere die beiden Zahlen:
$2 + 5 = 7$
Die Summe hat das gemeinsame Vorzeichen „+“.

b) $(+15) + (+20) = (+35)$ Beide Zahlen haben dasselbe Vorzeichen!
Addiere die beiden Zahlen: $15 + 20 = 35$
Die Summe hat das gemeinsame Vorzeichen „+“.

Du kannst die Rechnung auch in vereinfachter Schreibweise darstellen!

Beachte die **Merkregel**: aus $+(+a)$ wird $+a$

Vorzeichen „+“ muss nicht angeschrieben werden

$(+2) + (+5) = 2 + 5 = 7$

Beispiel: Berechne!

a) $(-3) + (-2) = (-5)$ Beide Zahlen haben dasselbe Vorzeichen!
Denke dir die Vorzeichen weg und addiere die beiden Zahlen:
$3 + 2 = 5$
Die Summe hat das gemeinsame Vorzeichen „–“.

b) $(-12) + (-8) = (-20)$ Beide Zahlen haben dasselbe Vorzeichen!
Addiere die beiden Zahlen: $12 + 8 = 20$
Die Summe hat das gemeinsame Vorzeichen „–“.

Du kannst die Rechnung auch in vereinfachter Schreibweise darstellen!

Beachte die **Merkregel**: aus $+(-a)$ wird $-a$

$(-3) + (-5) = -3 - 2 = -5$

Addieren von Zahlen mit verschiedenen Vorzeichen

Beispiel: Du schuldest einem Freund 8 € und kannst davon 5 € zurückzahlen. Wie viel Euro Schulden hast du dann noch?

Rechnung: $(-8) + (+5) = (-3)$ Du hast noch 3 € Schulden.

Veranschaulichung auf der Zahlengeraden:

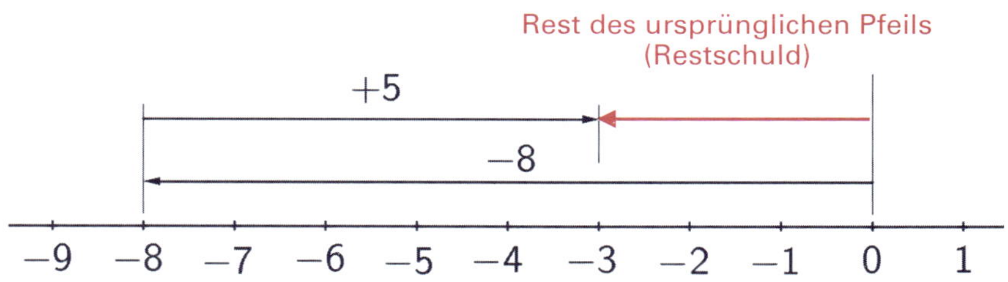

Der erste Pfeil, der die Zahl –8 darstellt, beginnt beim Nullpunkt und ist 8 cm lang. Da es sich um **Schulden** handelt, zeigt er **nach links** in Richtung der „negativen Zahlengeraden".

Der zweite Pfeil, der +5 darstellt, ist **nach rechts** gerichtet, da es sich um ein **Guthaben** handelt. Der zweite Pfeil wird zum ersten Pfeil dazugegeben (addiert), d. h., er beginnt bei der Spitze des ersten Pfeils. Der Summenpfeil reicht vom Nullpunkt bis zur Spitze des zweiten Pfeils.

Beispiel: Du hast 6 € in deiner Geldbörse und musst deinem Freund eine Schuld von 4 € zurückzahlen. Wie viel Euro hast du noch?

Rechnung: $(+6) + (-4) = (+2)$ Du hast noch 2 €.

Veranschaulichung auf der Zahlengeraden:

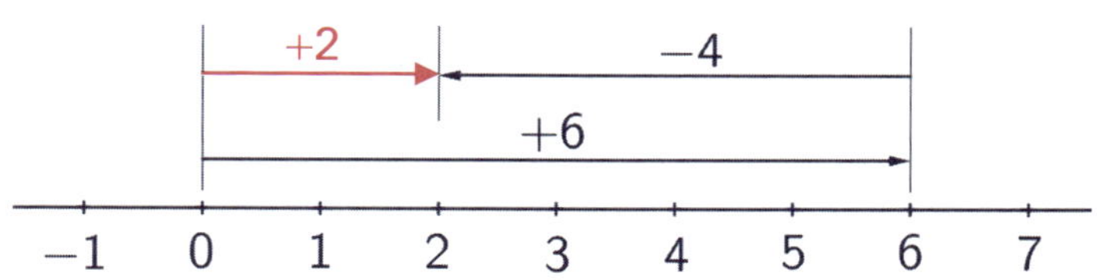

Der erste Pfeil, der die Zahl +6 darstellt, beginnt beim Nullpunkt und ist 6 cm lang. Da es sich um ein **Guthaben** handelt, zeigt er nach **rechts** in Richtung der „positiven Zahlengeraden".

Der zweite Pfeil, der –4 darstellt, ist nach links gerichtet, da es sich um Schulden handelt. Der zweite Pfeil wird zum ersten Pfeil dazugegeben (addiert), d. h., er beginnt bei der Spitze des ersten Pfeils. Der Summenpfeil reicht vom Nullpunkt bis zur Spitze des zweiten Pfeils.

Beim Addieren von Zahlen mit verschiedenen Vorzeichen gehst du so vor:

- Denke dir die Vorzeichen der Zahlen weg.
- Subtrahiere von der größeren Zahl die kleinere der Zahlen.
- Setze im Ergebnis das Vorzeichen der betragsmäßig größeren Zahl.

Beispiel: Berechne!

$(-8) + (+5) = (-3)$ Die Zahlen haben verschiedene Vorzeichen!
Denke dir die Vorzeichen weg und subtrahiere die Zahlen:
$8 - 5 = 3$
Im Ergebnis kommt das „–" der betragsmäßig größeren Zahl.

Vereinfachte Darstellung der Rechnungen:
$(-8) + (+5) = -8 + 5 = -3$ Beachte die **Merkregel**: aus $+(+a)$ wird $+a$

Beispiel: Berechne!

$(+6) + (-4) = (+2)$ Die Zahlen haben verschiedene Vorzeichen!
Denke dir die Vorzeichen weg und subtrahiere die Zahlen:
$6 - 4 = 2$
Im Ergebnis kommt das „+" der betragsmäßig größeren Zahl.

Vereinfachte Darstellung der Rechnungen:
$(+6) + (-4) = 6 - 4 = 2$ Beachte die **Merkregel**: aus $+(-a)$ wird $-a$

Beispiel: Berechne!

a) $(+16) + (-3) + (+12) + (-10) =$
$= (+13) + (+12) + (-10) =$
$= (+25) + (-10) = (+15)$

Du kannst auch in vereinfachter Form rechnen:
$(+16) + (-3) + (+12) + (-10) =$ $+(-3) \Rightarrow -3$ bzw. $+(+12) \Rightarrow +12$
$= 16 - 3 + 12 - 10 =$
$= 13 + 12 - 10 =$
$= 25 - 10 = 15$

b) $(+25) + (-11) + (+82) + (-54) =$
$= (+14) + (+82) + (-54) =$
$= (+96) + (-54) = (+42)$

Du kannst auch in vereinfachter Form rechnen:
$(+25) + (-11) + (+82) + (-54) =$ $+(-11) \Rightarrow -11$ bzw. $+(+82) \Rightarrow +82$
$= 25 - 11 + 82 - 54 =$
$= 14 + 82 - 54 =$
$= 96 - 54 = 42$

Addieren von positiven und negativen Zahlen

1 Berechne und stelle die Rechnung mithilfe von Pfeilen auf der Zahlengeraden dar!

a) (+6) + (–3) =

b) (–4) + (+8) =

2 Berechne!

a) (–9) + (–7) =

b) (+15) + (–26) =

c) (+32) + (–17) =

d) (–4) + (+7) =

e) (+325) + (–175) =

f) (–455) + (+155) =

3 Berechne!

a) (–18) + (+25) + (–17) =

b) (+23) + (–41) + (+7) + (–18) =

4 Frau Brunner hat ihr Konto um 285 € überzogen. Zum Monatsersten bekommt sie ihr Gehalt von 1 876 € überwiesen. Wie hoch ist nun ihr Kontostand?

5 Ralph sieht in der Zeitung das Höhenprofil mit den Steigungen und Gefällen bei einer Etappe einer Radrundfahrt. Ralph rechnet sich die Meereshöhe des Zielortes aus und sagt zu seinem Vater: „Die Radfahrer haben ja insgesamt keinen Höhenmeter zurückgelegt.“ Hat Ralph recht? Kann man das überhaupt so behaupten? Begründe! Schreibe zunächst eine Rechnung an!

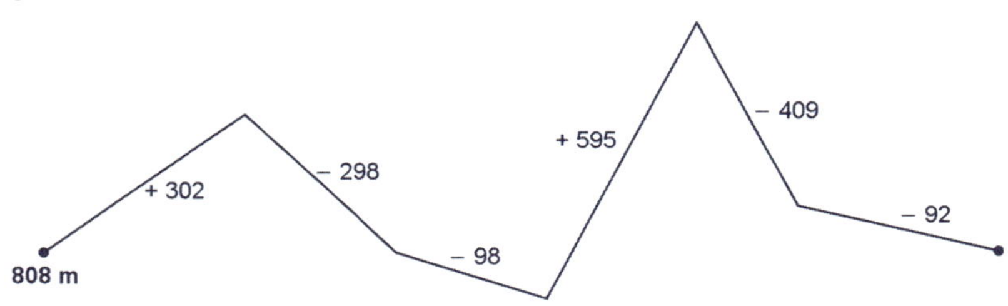

Subtrahieren

Beispiel:
Du hast 6 € in deiner Geldbörse und kaufst dir als Mittagessen ein Pizzastück um 2 €. Wie viel Euro bleiben in der Geldbörse?

Rechnung: $(+6) - (+2) = (+4)$ Es verbleiben noch 4 €.

Veranschaulichung auf der Zahlengeraden:

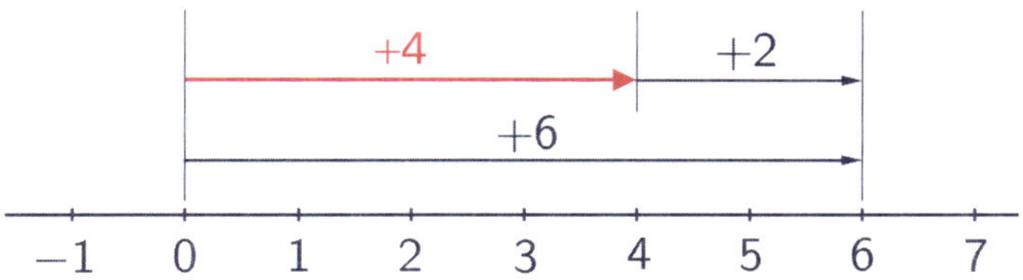

Der erste Pfeil, der die Zahl +6 darstellt, beginnt beim Nullpunkt und ist 6 cm lang. Da es sich um ein **Guthaben** handelt, zeigt er **nach rechts** in Richtung der „positiven Zahlengeraden".
Der zweite Pfeil, der +2 darstellt, ist auch **nach rechts** gerichtet, da es sich ebenfalls um ein **Guthaben** handelt.
Der zweite Pfeil wird vom ersten Pfeil abgezogen (**subtrahiert**), d. h., seine **Spitze** muss **an die Spitze** des ersten Pfeils angefügt werden. Der Ergebnispfeil (**Differenzpfeil**) reicht vom Nullpunkt (= Anfang des ersten Pfeils) bis zum Anfang des zweiten Pfeils.

Zum selben Ergebnis kommt man, wenn man die Subtraktion von (+2) durch die Addition von (–2) ersetzt. Vergleiche die Zeichnung:

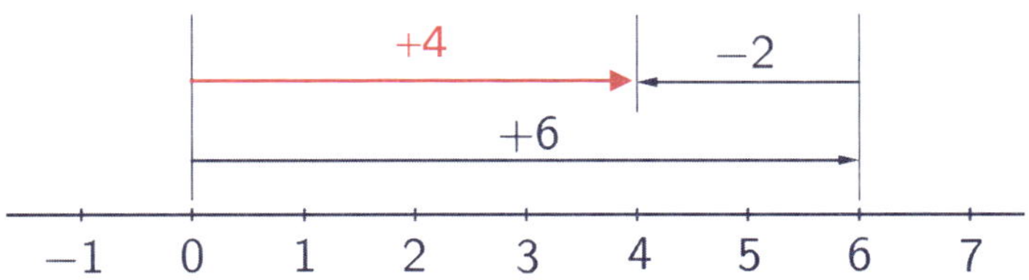

Rechnung: $(+6) - (+2) = (+6) + (-2) = (+4)$

Du kannst die Rechnung auch in vereinfachter Schreibweise darstellen!

Beachte die **Merkregeln**: | aus $+(-a)$ wird $-a$ | bzw. | aus $-(+a)$ wird $-a$ |

$(+6) \overset{-}{\overbrace{+ (-}} 2) = 6 - 2 = 4$ oder $(+6) \overset{-}{\overbrace{- (+}} 2) = 6 - 2 = 4$

Beispiel:
Du hast 7 € Schulden und bezahlst davon 3 € zurück. Man kann auch sagen, dass du deine Schulden um 3 € verminderst (subtrahierst).

Rechnung: $(-7) - (-3) = (-4)$ Es verbleiben noch 4 € Schulden.

Veranschaulichung auf der Zahlengeraden:

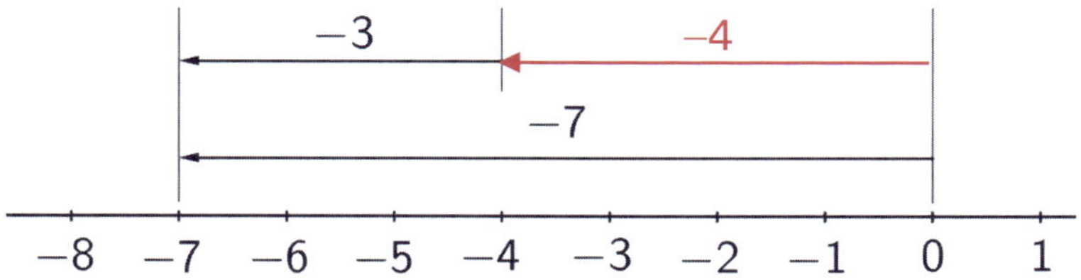

Der erste Pfeil, der die Zahl –7 darstellt, beginnt beim Nullpunkt und ist 7 cm lang. Da es sich um **Schulden** handelt, zeigt er **nach links** in Richtung der „negativen Zahlengeraden".
Der zweite Pfeil, der –3 darstellt, ist auch **nach links** gerichtet, da es sich ebenfalls um eine **Schulden** handelt.
Der zweite Pfeil wird vom ersten Pfeil abgezogen (**subtrahiert**), d. h., seine **Spitze** muss **an die Spitze** des ersten Pfeils angefügt werden. Der Ergebnispfeil (**Differenzpfeil**) reicht vom Nullpunkt (= Anfang des ersten Pfeils) bis zum Anfang des zweiten Pfeils.

Zum selben Ergebnis kommt man, wenn man die Subtraktion von (–3) durch die Addition von (+3) ersetzt. Vergleiche die Zeichnung:

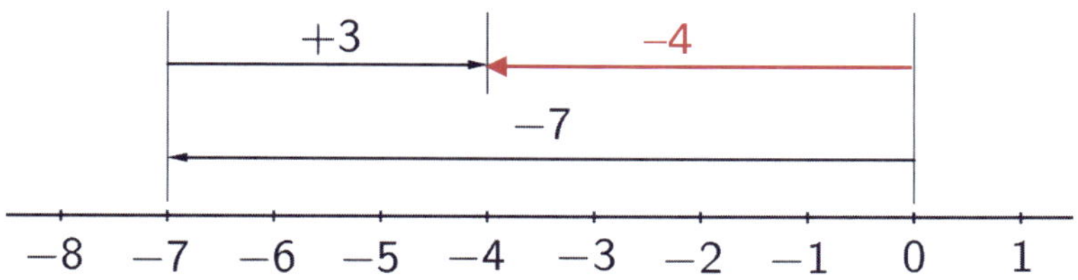

Rechnung: $(-7) - (-3) = (-7) + (+3) = (-4)$

Aus den beiden Beispielen folgt:

Statt eine Zahl zu **subtrahieren**, kann man die **entgegengesetzte Zahl addieren**!

Du kannst die Rechnung auch in vereinfachter Schreibweise darstellen!

Beachte die **Merkregeln**: aus $+(+a)$ wird $+a$ bzw. aus $-(-a)$ wird $+a$

$(-7) + (+3) = -7 + 3 = -4$ oder $(-7) - (-3) = -7 + 3 = -4$

Zusammenfassung der Merkregeln für Addition und Subtraktion

Treffen **gleiche Zeichen** aufeinander, so werden sie durch „+“ ersetzt!

aus $+ (+a)$ wird $+a$	aus $- (-a)$ wird $+a$

Treffen **ungleiche Zeichen** aufeinander, so werden sie durch „–“ ersetzt!

aus $+ (-a)$ wird $-a$	aus $- (+a)$ wird $-a$

Beispiel: Berechne!

a) $(-25) + (-17) =$ aus $+ (-17)$ wird -17

$= -25 - 17 = -42$

b) $(+53) - (+13) =$ aus $- (+13)$ wird -13

$= 53 - 13 = 40$

c) $(+35) - (-8) + (+15) =$ aus $- (-8)$ wird $+8$ bzw. aus $+ (+15)$ wird $+15$

$= 35 + 8 + 15 = 58$

d) $(-895) - (-1\,236) =$

$= -895 + 1\,236 = 341$

e) $(-457) - (+235) - (+16) + (-45) =$

$= -457 - 235 - 16 - 45 = -753$

Rechnen mit dem Taschenrechner (TR)

1) $15 - 23 =$ Tastenfolge: 15 [–] 23 [=] *Beachte*: [–] steht meist ganz rechts und ist die Taste für die Subtraktion.

Anzeige: –8

2) Eingabe von negativen Zahlen:

–233 Tastenfolge: [(–)] 233 Beachte: [(–)] Vorzeichenwechseltaste

Anzeige: $^{-}233$ Beachte: Das „–“ ist etwas hochgestellt.

3) $(-895) - (-1\,236) =$

Tastenfolge: [(–)] 895 – [(–)] 1236 [=]

Anzeige: 341

Anmerkung:
Bei vielen Rechnungen solltest du auf die Verwendung des TR verzichten.
Z. B.: $235 - 35 = 200$ Hier bist du ohne TR schneller!

Subtraktion mit positiven und negativen Zahlen

1 Berechne und stelle die Rechnung mithilfe von Pfeilen auf der Zahlengeraden dar!

a) (+7) – (+2) =

b) (–5) – (+1) =

2 Berechne!

a) (–5) – (–3) =

b) (+7) – (–8) =

c) (+14) – (–3) =

d) (–12) – (+9) =

e) (+275) – (–85) =

f) (–327) – (+258) =

3 Berechne!

a) (–25) – (+14) – (–16) =

b) (+16) – (–21) – (+23) – (–9) =

c) (–8) – (–2) – (+5) – (–3) =

d) (+168) – (–421) – (+233) – (–29) =

4 Einige Daten aus der Geschichte:

- Alexander der Große wurde 356 v. Chr. geboren und ist 323 v. Chr. gestorben.
- In der Schlacht bei Issos im Jahre 333 v. Chr. siegte Alexander der Große über den Perserkönig Dareios III.
- Gaius Julius Caesar lebte von 100 v. Chr. bis 44 v. Chr.
- Romulus und Remus haben der Sage nach 753 v. Chr. die Stadt Rom gegründet.
- Durch die Absetzung des weströmischen Kaisers Romulus Augustulus 476 n. Chr. ging das Römische Reich zu Ende.

a) Wie alt war Alexander der Große, als er mit seinem Heer bei Issos gewann?

b) Was war früher? Kreuze an!

- ☐ Geburt von Gaius Julius Caesar
- ☐ Geburt von Alexander dem Großen

c) Wie alt ist Alexander der Große geworden?

d) Wie alt ist Gaius Julius Caesar geworden?

e) Wie lange Bestand das Römische Reich?

Rechengesetze für die Addition

Wie für die natürlichen Zahlen gilt auch für alle ganzen Zahlen das Vertauschungsgesetz.

Vertauschungsgesetz (Kommutativgesetz) der Addition

Du kannst bei der Addition die Reihenfolge der Summanden vertauschen.

Es gilt die Formel: $a + b = b + a$

Man sagt auch: Die Addition ganzer Zahlen ist kommutativ.

Beispiel: Überprüfe mit den gegebenen Zahlen, ob das Vertauschungsgesetz gilt!

$(-6) + (-3) =$ $(-3) + (-6) =$
$= -6 - 3 = -9$ $= -3 - 6 = -9$

Wie für die natürlichen Zahlen gilt auch für alle ganzen Zahlen das Verteilungsgesetz.

Verteilungsgesetz (Assoziativgesetz) der Addition

Du kannst bei der Addition die Summanden zu beliebigen Teilsummen zusammenfassen.

Es gilt die Formel: $a + b + c = (a + b) + c = a + (b + c)$

Man sagt auch: Die Addition ganzer Zahlen ist assoziativ.

Beispiel: Überprüfe mit den gegebenen Zahlen, ob das Verteilungsgesetz gilt!

$[(+3) + (+8)] + (-5) =$ Beachte die **Klammerregel**:
Rechnungen in der eckigen Klammer sind zuerst auszuführen!
$= [3 + 8] - 5 =$
$= 11 - 5 = 6$

$(+3) + [(+8) + (-5)] =$ Berechne zuerst die eckige Klammer!
$= 3 + [8 - 5] =$
$= 3 + 3 = 6$ Das Verteilungsgesetz der Addition gilt!

Anmerkung:
Die Subtraktion ist weder kommutativ noch assoziativ!

Verbindung von Addition und Subtraktion

Beispiel: Berechne!

a) $(-7) - (+3) + (+11) - (-15) =$
$= -7 - 3 + 11 + 15 =$
$= (-7 - 3) + (11 + 15) =$
$= -10 + 26 = 16$

b) $-42 + 37 - (-75) - (-25) - (+104) =$
$= -42 + 37 + 75 + 25 - 104 =$
$= (-42 - 104) + (37 + 75 + 25) =$
$= -146 + 137 = -9$

Addition und Subtraktion mit positiven und negativen Zahlen

1 Überprüfe mit den gegebenen Zahlen das Vertauschungsgesetz der Addition!

a) (+72) + (–35) =

b) (–56) + (–14) =

2 Überprüfe mit den gegebenen Zahlen das Verteilungsgesetz der Addition!

a) [–56 + (–82)] + (+98) =

b) (+23) + [(–53) + (–12)] =

3 Berechne!

a) –12 + (–7) – (+6) – (+12) =

b) –4 – (–3) + (–5) – (+9) =

c) (+7) + (–3) + (–9) + (+14) =

d) 565 – (–35) – (–267) + (+85) – (+95) =

e) 3 – 9 + 8 – 7 – 4 – 2 =

f) –18 + 24 – 6 – 9 + 15 =

4 Im Laufe einer Woche werden von einem Bankkonto folgende Abhebungen („–“) und auf das Bankkonto folgende Einzahlungen („+“) vorgenommen:

+356 € –1 256 € –78 € +150 € –660 € –198 € +250 € –63 €

a) Schreibe als Rechnung an und berechne, wie sich der Kontostand in dieser Woche verändert hat!

b) Am Ende der Woche beträgt der Kontostand –1 234 €. Wie hoch war der alte Kontostand?

5 Berechne!

a) −139 + (−181) − 175 + 287 − (−233) =

b) 458 −(−106) + 412 − (−1 963) =

6 Berechne!

a) |−5| + (−3) + (+2) − |+2| =

b) |−11 + 5| + |14 − 20| =

7 Gib die gesuchten Zahlen an!

a) Welche Zahl muss man zu −3 addieren, um +4 zu erhalten?

b) Welche Zahl muss man zu −5 addieren, um −12 zu erhalten?

c) Welche Zahl muss man zu +3 addieren, um −7 zu erhalten?

d) Welche Zahl muss man von +8 subtrahieren, um −2 zu erhalten?

e) Welche Zahl muss man von −4 subtrahieren, um −15 zu erhalten?

f) Welche Zahl muss man von −5 subtrahieren, um +5 zu erhalten?

8 Setze für $\square$ eines der Zeichen (< ,= , >) ein, damit die Aussage stimmt!

a) (+8) + (−12) $\square$ (+9) − (+5)

b) (−17) − (+25) $\square$ (+8) + (−58)

c) 15 − 28 $\square$ −7 − 6

d) −254 + 236 $\square$ 285 − 301

Multiplikation und Division mit positiven und negativen Zahlen

Beispiel:
Du bekommst pro Woche 5 € Taschengeld. Wie viel Euro bekommst du in einem Monat?

Rechnung: Du bekommst pro Woche ein Guthaben von $(+5)$ €.
in einem Monat: $(+5) + (+5) + (+5) + (+5) = +20$

Du hättest kürzer rechnen können: $(+5) \cdot 4 = +20$ oder auch $(+5) \cdot (+4) = +20$

Beispiel: Du hast bei 4 Freunden jeweils 5 € Schulden.
Wie hoch sind deine Schulden insgesamt?

Rechnung: Du hast bei 4 Freunden jeweils (-5) € Schulden.
insgesamt: $(-5) + (-5) + (-5) + (-5) = -20$

Du hättest kürzer rechnen können: $(-5) \cdot 4 = -20$ oder auch $(-5) \cdot (+4) = -20$

Merke dir die Regeln für die Multiplikation:

plus mal plus ergibt plus oder $(+a) \cdot (+b) = +(a \cdot b)$
plus mal minus ergibt minus oder $(+a) \cdot (-b) = -(a \cdot b)$
minus mal plus ergibt minus oder $(-a) \cdot (+b) = -(a \cdot b)$
minus mal minus ergibt plus oder $(-a) \cdot (-b) = +(a \cdot b)$

gleiche Vorzeichen $\Rightarrow$ plus
verschiedene Vorzeichen $\Rightarrow$ minus

Beispiel: Berechne und mache jeweils die Probe!

a) $(-3) \cdot (+5) = -15$ Man kann 2 verschiedene Proben durchführen:
$(-15) : (+5) = -3$ oder $(-15) : (-3) = +5$

b) $(+4) \cdot (+6) = +24$ Probe: $(+24) : (+6) = +4$ oder $(+24) : (+4) = +6$

c) $(+5) \cdot (-2) = -10$ Probe: $(-10) : (+5) = -2$ oder $(-10) : (-2) = +5$

Aus den Proben ergeben sich folgende **Merkregeln für die Division:**

plus durch plus ergibt plus oder $(+a) : (+b) = +(a : b)$
plus durch minus ergibt minus oder $(+a) : (-b) = -(a : b)$
minus durch plus ergibt minus oder $(-a) : (+b) = +(a : b)$
minus durch minus ergibt plus oder $(-a) : (-b) = +(a : b)$

gleiche Vorzeichen $\Rightarrow$ plus
verschiedene Vorzeichen $\Rightarrow$ minus

Beispiel: Berechne!

a) $+86 : (-43) = (-2)$ b) $(-12) : (+3) = (-4)$

c) $(-36) : (-6) = (+6)$ d) $(+45) : (+15) = (+3)$

Multiplikation mit 0

Wenn du eine ganze Zahl mit 0 multiplizierst, ist das Ergebnis 0.

Formel: $a \cdot 0 = 0$

Multiplikation mit +1 bzw. –1

Wenn du eine Zahl mit +1 multiplizierst, ändert sich die Zahl nicht.

Formel: $a \cdot (+1) = a$

Wenn du eine Zahl mit –1 multiplizierst, erhältst du die Gegenzahl.

Formel: $a \cdot (-1) = -a$

Rechengesetze für die Multiplikation

Wie für die natürlichen Zahlen gilt auch für alle ganzen Zahlen das Vertauschungsgesetz.

Vertauschungsgesetz (Kommutativgesetz) der Multiplikation

Du kannst bei der Multiplikation die Reihenfolge der Faktoren vertauschen.

Es gilt die Formel: $a \cdot b = b \cdot a$

Man sagt auch: Die Multiplikation ganzer Zahlen ist kommutativ.

Beispiel: Überprüfe mit den gegebenen Zahlen, ob das Vertauschungsgesetz gilt!

a) $(-5) \cdot (-7) = +35$ $(-7) \cdot (-5) = +35$

b) $(+20) \cdot (-4) = -80$ $(-4) \cdot (+20) = -80$

Wie für die natürlichen Zahlen gilt auch für alle ganzen Zahlen das Verteilungsgesetz.

Verteilungsgesetz (Assoziativgesetz) der Multiplikation

Du kannst bei der Multiplikation die Zahlen zu beliebigen Teilprodukten zusammenfassen.

Es gilt die Formel: $a \cdot b \cdot c = (a \cdot b) \cdot c = a \cdot (b \cdot c)$

Man sagt auch: Die Multiplikation ganzer Zahlen ist assoziativ.

Beispiel: Überprüfe mit den gegebenen Zahlen (+5), (+7) und (–3), ob das Verteilungsgesetz der Multiplikation gilt!

$[(+5) \cdot (+7)] \cdot (-3) =$ Beachte die **Klammerregel:** Rechnungen in der eckigen Klammer sind zuerst auszuführen!

$= [+35] \cdot (-3) =$

$= -105$

$(+5) \cdot [(+7) \cdot (-3)] =$ Rechne zuerst die eckige Klammer aus!

$= 5 \cdot [-21] =$

$= -105$ Das Verteilungsgesetz der Addition gilt!

Anmerkung:
Die Division ist weder kommutativ noch assoziativ!

$[(-36) : (+6)] : (-3) =$ aber $(-36) : [(+6) : (-3)] =$

$= -6 : (-3) = +2$ $= -36 : (-2) = +18$

Verbindung der vier Grundrechnungsarten

Wie für die natürlichen Zahlen gelten auch für alle ganzen Zahlen die Vorrangregel und die Klammerregel.

Vorrangregel: Zuerst werden die Rechnungsarten zweiter Stufe (Multiplikation, Division) ausgeführt, dann die Rechnungsarten erster Stufe (Addition, Subtraktion).

„**Punktrechnung vor Strichrechnung!**"

Klammerregel: Kommen in einer Rechnung Klammern vor, so werden die Rechnungen in der Klammer zuerst berechnet.

Insgesamt gilt: **KLA – PU – STRI**

„**Kla**mmer – **Pu**nktrechnung – **Stri**chrechnung"

Beispiel: Berechne!

a) $(-25) + (-3) \cdot (-4) - (+8) : (-2) =$

$= (-25) + (+12) - (-4) =$

$= -25 + 12 + 4 =$

$= -25 + 16 = -9$

1. Punktrechnungen
2. vereinfachte Schreibweise, Strichrechnungen
3. Zusammenfassen der positiven Zahlen

b) $(-12) \cdot (+3) - [(+18) : (-9) + (-2) \cdot (-3)] =$

$= (-12) \cdot (+3) - [-2 + (+6)] =$

$= (-12) \cdot (+3) - [-2 + 6] =$

$= (-12) \cdot (+3) - [+ 4] =$

$= -36 - 4 = -40$

1. Rechnungen in der eckigen Klammer, dabei Punkt- vor Strichrechnungen
2. Punktrechnung, dann Strichrechnung

Grundrechnungsarten mit ganzen Zahlen

1 Berechne!

a) $(+46) \cdot (-2) =$

b) $(-6) \cdot (+12) =$

c) $(+3) \cdot (-5) \cdot (-4) =$

d) $(-25) \cdot (+15) \cdot (-2) =$

2 Berechne!

a) $(-15) : (+15) =$

b) $(-46) : (-23) =$

c) $(-168) : (-56) =$

d) $(+108) : (-27) =$

3 Berechne und überprüfe dein Ergebnis mit dem Taschenrechner!

a) $(-256) \cdot (-15) =$

b) $(+118) \cdot (-23) =$

c) $(-128) \cdot (-541) =$

d) $(+108) \cdot (-81) =$

4 Berechne und überprüfe dein Ergebnis mit dem Taschenrechner!

a) $(-144) : (-9) =$

b) $(+39) : (-13) =$

c) $(-456) : (+24) =$

d) $(-3\,375) : (-135) =$

5 Berechne!

a) $|-64| : (-16) =$

b) $|-105| : (+15) =$

6 Berechne!

a) $(-52) + (-8) \cdot (+18) : (-3) =$

b) $(-18) \cdot (+2) - [(+27) : (-9) + (+4) \cdot (-3)] =$

c) $[(-3) \cdot (-5) - (+7) \cdot (-2)] - [(-81) : (-9) + (+14) : (-2)] =$

7 Marcello und Amir haben bei folgender Rechnung verschiedene Ergebnisse bekommen.

$(+18) - (-2) \cdot (+5)$

Marcello rechnet: $18 - (-10) = 18 + 10 = 28$

Amir rechnet: $18 + 2 \cdot (+5) = 20 \cdot 5 = 100$

Streiche die falsche Rechnung durch und begründe, warum sie falsch ist!

8 Schreibe zunächst die Rechnung an!

a) Welche Zahl muss man mit +6 multiplizieren, um –24 zu erhalten?

b) Welche Zahl muss man mit –13 multiplizieren, um –65 zu erhalten?

c) Welche Zahl muss man mit –20 multiplizieren, um +600 zu erhalten?

d) Welche Zahl muss man durch –5 dividieren, um +65 zu erhalten

9 Schreibe zunächst die Rechnung an!

a) Addiere –6 zum Produkt der Zahlen (+4) und (–8)!

b) Multipliziere die Differenz der Zahlen (–3) und (–8) mit der Summe der Zahlen!

c) Subtrahiere (–12) vom Quotienten der Zahlen (–144) und (–16)!

d) Dividiere (–81) durch die Summe der Zahlen (–12) und (+3)!

10 Setze für x und y Zahlen ein und berechne das Ergebnis!

a) $|x - y|$ b) $x - |y|$ c) $|x| - 2 \cdot y$ d) $2 \cdot x - 5 \cdot y$

	(1)	(2)	(3)	(4)	(5)
x	–3	+3	–5	–6	–16
y	+4	–2	–3	+2	0

Rationale Zahlen

Die Menge der rationalen Zahlen

Bruchzahlen können in Form von Brüchen oder als Dezimalzahlen geschrieben werden. Es gibt auch negative Bruchzahlen.
Erinnere dich, man kann jede Division in Form eines Bruches anschreiben:

z. B.: $(-12) : 3 = \frac{-12}{3} = -4$ oder $12 : (-3) = \frac{12}{-3} = -4$

Da sowohl $(-12) : 3$ als auch $12 : (-3)$ gleich -4 ist, kann man schreiben:

$$\frac{-12}{3} = \frac{12}{-3} = -\frac{12}{3} = -4$$

> Zahlen, die als **Quotient (als Bruch) zweier ganzer Zahlen** geschrieben werden können, heißen **rationale Zahlen.**
>
> $\frac{-a}{b} = \frac{a}{-b} = -\frac{a}{b}$ mit $a, b \in \mathbb{Z}, b \neq 0$
>
> Die rationalen Zahlen zusammen bilden die Menge der rationalen Zahlen.
>
> $\mathbb{Q} = \left\{\frac{a}{b} \,\middle|\, a, b \in \mathbb{Z} \text{ und } b \neq 0\right\}$ **Menge der rationalen Zahlen**

Man unterscheidet

$\mathbb{Q}^+$ ($\mathbb{Q}$ plus, oder $\mathbb{Q}$ positiv) **Menge der positiven rationalen Zahlen**

$\mathbb{Q}^-$ ($\mathbb{Q}$ minus, oder $\mathbb{Q}$ negativ) **Menge der negativen rationalen Zahlen**

Eigenschaften rationaler Zahlen bzw. der Menge $\mathbb{Q}$

- Die **Menge der rationalen Zahlen enthält** neben den negativen und den positiven Bruchzahlen auch die Zahl **null**. Da null weder negativ noch positiv ist, hat null auch kein Vorzeichen.

  Rationale Zahlen sind z. B.: $-\frac{4}{3}$; $-1\frac{2}{5}$; $-2{,}5$; 0; $-4{,}9$; $\frac{3}{4}$; -5; $\frac{5}{2}$

- Eine rationale Zahl hat weder einen Vorgänger noch einen Nachfolger.

- Zwischen zwei rationale Zahlen kann man unendlich viele rationale Zahlen einfügen.

  z. B.: zwischen -1 und 0: $-\frac{1}{10}$; $-\frac{1}{100}$; $-\frac{1}{1000}$ ...

- Man kann von zwei verschiedenen rationalen Zahlen feststellen, welche kleiner bzw. welche größer ist (**Ordnung rationaler Zahlen**).

  z. B.: $-\frac{3}{4} < -\frac{1}{2}$; $-\frac{1}{3} < 0$; $\frac{5}{4} > -\frac{1}{3}$

➢ Rationale Zahlen können als **Punkte auf der Zahlengeraden** dargestellt werden. Von zwei verschiedenen rationalen Zahlen liegt die **kleinere Zahl** immer weiter **links** auf der Zahlengeraden.

Beispiel: Zahlen ordnen

a) Zeichne die Zahlen $+1\frac{3}{4}$; $-\frac{3}{4}$; $-1\frac{1}{2}$; $+\frac{1}{2}$ auf der Zahlengeraden ein!
Ordne die Zahlen der Größe nach!

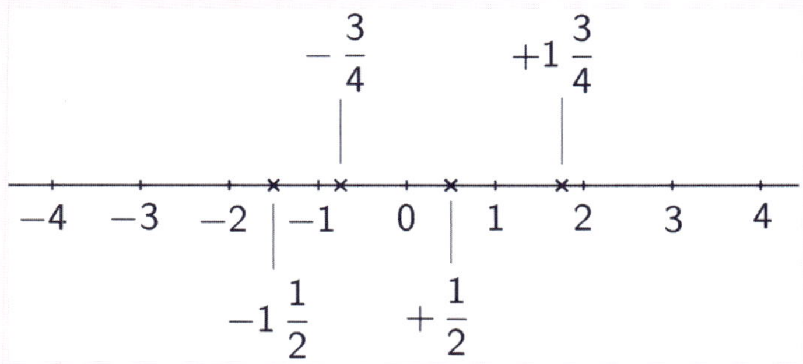

Aus der Zahlengeraden erkennt man:

$-1\frac{1}{2} < -\frac{3}{4} < +\frac{1}{2} < +1\frac{3}{4}$

b) Ordne die Zahlen $-\frac{2}{5}$; $-\frac{7}{10}$; $-\frac{1}{2}$; $-\frac{4}{5}$ der Größe nach! Bringe sie zunächst auf gleichen Nenner!

$-\frac{2}{5} = -\frac{4}{10}$; $-\frac{7}{10}$; $-\frac{1}{2} = -\frac{5}{10}$; $-\frac{4}{5} = -\frac{8}{10}$ Der gleiche Nenner ist 10.

$-\frac{8}{10} < -\frac{7}{10} < -\frac{5}{10} < -\frac{4}{10}$

$-\frac{4}{5} < -\frac{7}{10} < -\frac{1}{2} < -\frac{2}{5}$

➢ Rationale Zahlen können wie ganze Zahlen auch durch **Pfeile** dargestellt werden. **Pfeile positiver rationaler Zahlen** zeigen nach **rechts, Pfeile negativer rationaler Zahlen** zeigen nach **links**.

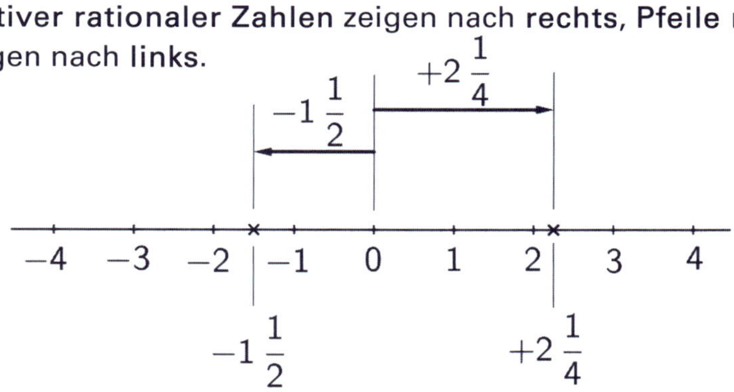

➢ Wenn man das Vorzeichen weglässt, erhält man den **Betrag der rationalen Zahl.** Der Betrag ist auch der **Abstand** der Zahl **vom Nullpunkt** auf der Zahlengeraden.

z. B.: $\left|-2\frac{3}{4}\right| = 2\frac{3}{4}$, $|-0,3| = 0,3$, $\left|+1\frac{1}{4}\right| = 1\frac{1}{4}$

➢ Zwei rationale Zahlen, die sich nur durch das Vorzeichen unterscheiden, heißen **Gegenzahlen.**

z. B.: Gegenzahl zu $-1\frac{3}{4}$ ist $+1\frac{3}{4}$, Gegenzahl zu $+\frac{1}{10}$ ist $-\frac{1}{10}$

Rationale Zahlen

1 Zeichne die folgenden Zahlen einer Zahlengerade, wähle als Einheit $\overline{01} = 4$ cm!

$-\frac{3}{4}$; $+\frac{5}{4}$; 0,5; $+1\frac{1}{2}$; +0,75; $-\frac{1}{4}$; $-1\frac{3}{4}$

2 Ordne die Zahlen der Größe nach, beginne mit der kleinsten Zahl!

+1,5; $-2\frac{1}{4}$; $-\frac{5}{2}$; $+1\frac{3}{4}$; −2,75; $+\frac{9}{4}$

3 Zwischen welchen ganzen Zahlen liegt die gegebene Zahl? Gib die nächstgrößere und die nächstkleinere ganze Zahl an!

a) $-\frac{5}{2}$ b) −1,8 c) $-\frac{15}{4}$ d) $-\frac{1}{8}$

e) $-2\frac{3}{4}$ f) −0,05 g) $-\frac{23}{6}$ h) $-1,\overline{32}$

4 Gib den Betrag der Zahl an!

a) $-\frac{1}{2}$ b) −6,8 c) $-\frac{25}{4}$ d) $-\frac{7}{8}$

5 Gib jeweils 3 Zahlen an, die zwischen den gegebenen Zahlen liegen!

a) −15 und −14 b) $-\frac{1}{2}$ und 0

c) $-\frac{3}{4}$ und $-\frac{1}{4}$ d) $-\frac{2}{3}$ und $-\frac{1}{6}$

6 Setze eines der Zeichen (<, >, =) ein, sodass die Aussage stimmt!

a) $-\frac{3}{2} \square -\frac{3}{4}$ b) $0 \square -1\frac{1}{4}$ c) $-2\frac{2}{9} \square -2\frac{3}{7}$ d) $-\frac{4}{7} \square -\frac{1}{2}$

7 Setze eines der Zeichen (<, >, =) ein, sodass die Aussage stimmt!

a) $\left|-5\frac{1}{3}\right| \square 5$ b) $\left|-\frac{11}{8}\right| \square \left|+1\frac{3}{8}\right|$ c) $|-1,4| \square \left|+1\frac{1}{2}\right|$ d) $3 \square \left|-\frac{12}{4}\right|$

Rechnen mit rationalen Zahlen

Addieren und Subtrahieren von rationalen Zahlen

Zunächst müssen ungleichnamige Brüche gleichnamig gemacht werden. Dann werden die Zähler addiert bzw. subtrahiert. Bei der Subtraktion von negativen rationalen Zahlen kann man wie bei ganzen Zahlen die Gegenzahl addieren.

$\frac{a}{b} + \frac{c}{d} = \frac{a \cdot d + c \cdot b}{b \cdot d}$ bzw. $\frac{a}{b} - \frac{c}{d} = \frac{a \cdot d - c \cdot b}{b \cdot d}$ mit a, b, c, d $\in \mathbb{Z}$ und b, d $\neq 0$

Anmerkung:
Man kann rationale Zahlen auch in Dezimalschreibweise addieren bzw. subtrahieren.

Beispiel: Berechne!

a) $3\frac{1}{8} - \left(-2\frac{3}{8}\right) =$ *Beachte*: $-(-) \Rightarrow +$

$= 3\frac{1}{8} + 2\frac{3}{8} = 5\frac{4}{8} = 5\frac{1}{2}$ Addieren und Kürzen

b) $-\frac{7}{3} + \left(-1\frac{1}{4}\right) =$ *Beachte*: $+(-) \Rightarrow -$

$= -\frac{7}{3} - 1\frac{1}{4} =$ Auf gleichen Nenner bringen: kgV (3, 4) = 12

$= -\frac{28}{12} - 1\frac{3}{12} =$ Gemischte Zahl in unechten Bruch verwandeln.

$= -\frac{28}{12} - \frac{15}{12} =$ Subtrahieren

$= -\frac{43}{12} = -3\frac{7}{12}$ Ergebnis in gemischte Zahl verwandeln.

c) $\frac{3}{4} - \left(+\frac{1}{8}\right) =$ Man kann auch in Dezimalschreibweise rechnen.

$= 0{,}75 - 0{,}125 =$ *Beachte*: $-(+) \Rightarrow -$

$= 0{,}625$

Beispiel: Berechne

a) welches Konto nach den beiden Buchungen überzogen ist!
Runde zunächst und führe eine Überschlagsrechnung aus!

b) die Kontostände nach den Buchungen und trage sie in die Tabelle ein.
Kontrolliere mit dem TR!

Konto	A	B
alter Kontostand	289,63	– 1 987,65
Buchung	– 101,23	+ 2 800,00
Buchung	– 495,87	– 510,25
neuer Kontostand		

* Alle Beträge in Euro

Konto A:

Ü: 300 – 100 – 500 = –300 Das Konto ist überzogen.

Rechnung:

289,63 – 101,23 – 495,87 =
= 289,63 – (101,23 + 495,87) =
= 289,63 – 597,10 =
= –307,47

101,23	597,10
495,87	– 289,63
597,10	307,47

Kontrolle mit dem TR:

[C] 289 [.] 63 [–] 101 [.] 23 [–] 495 [.] 87 [=] Anzeige: –307.47

Der neue Kontostand beträgt –307,47 €.

Konto B:

Ü: –2 000 + 2 800 – 500 = +300 Das Konto hat ein Guthaben.

Rechnung:

– 1 987,65 + 2 800 – 510,25=
= 812,35 – 510,25 =
= 302,10

2 800,00	812,35
– 1 987,65	– 510,25
812,35	302,10

Kontrolle mit dem TR:

[C] [(–)] 1987 [.] 65 [+] 2800 [–] 510 [.] 25 [=] Anzeige: 302.1

Der neue Kontostand beträgt +302,10 €.

Konto	A	B
alter Kontostand	289,63	– 1 987,65
Buchung	– 101,23	+ 2 800,00
Buchung	– 495,87	– 510,25
neuer Kontostand	– 307,47	+ 302,10

* Alle Beträge in Euro

Multiplizieren und Dividieren von rationalen Zahlen

Rationale Zahlen werden **multipliziert**, indem man **Zähler mit Zähler** und **Nenner mit Nenner** multipliziert. Achte auf die Vorzeichenregeln.

$\frac{a}{b} \cdot \frac{c}{d} = \frac{a \cdot c}{b \cdot d}$ mit a, b, c, d $\in \mathbb{Z}$ und b, d $\neq 0$

Rationale Zahlen werden **dividiert**, indem man den **ersten Bruch** mit dem **Kehrwert des zweiten Bruchs multipliziert**. Achte auf die Vorzeichenregeln.

bzw. $\frac{a}{b} : \frac{c}{d} = \frac{a}{b} \cdot \frac{d}{c} = \frac{a \cdot d}{b \cdot c}$ mit a, b, c, d $\in \mathbb{Z}$ und b, c, d $\neq 0$

Anmerkung:
Man kann rationale Zahlen auch in Dezimalschreibweise multiplizieren bzw. dividieren.

Beispiel: Berechne!

a) $2\frac{1}{3} \cdot \left(-1\frac{1}{5}\right) =$ — Verwandeln in unechte Brüche.

$= \frac{7}{3} \cdot \left(-\frac{6}{5}\right) =$ — Vorzeichenregel: $(+a) \cdot (-b) = -(a \cdot b)$

$= -\left(\frac{7}{{}_1\cancel{3}} \cdot \frac{\cancel{6}^2}{5}\right) =$ — Kürzen

$= -\left(\frac{14}{5}\right) = -2\frac{4}{5}$ — Multiplizieren und in eine gemischte Zahl verwandeln.

b) $-4\frac{2}{5} : \left(-3\frac{3}{10}\right) =$ — Verwandeln in unechte Brüche.

$= -\frac{22}{5} : \left(-\frac{33}{10}\right) =$ — Vorzeichenregel: $(-a) : (-b) = +(a : b)$

$= +\left(\frac{22}{5} : \frac{33}{10}\right) =$

$= \frac{{}^2\cancel{22}}{{}_1\cancel{5}} \cdot \frac{\cancel{10}^2}{\cancel{33}_3} = \frac{4}{3} = 1\frac{1}{3}$ — Multiplizieren mit dem Kehrwert und kürzen.

Zusammenfassung der Vorzeichenregeln für rationale Zahlen

Addition und Subtraktion	Multiplikation	Division
$a + (+b) = a + b$	$(+a) \cdot (+b) = +(a \cdot b)$	$(+a) : (+b) = +(a : b)$
$a + (-b) = a - b$	$(+a) \cdot (-b) = -(a \cdot b)$	$(+a) : (-b) = -(a : b)$
$a - (+b) = a - b$	$(-a) \cdot (+b) = -(a \cdot b)$	$(-a) : (+b) = -(a : b)$
$a - (-b) = a + b$	$(-a) \cdot (-b) = +(a \cdot b)$	$(-a) : (-b) = +(a : b)$

Beachte:
In der Menge $\mathbb{Q}$ sind alle **Additionen** und **Subtraktionen, Multiplikationen** und **Divisionen** (mit Ausnahme der Division durch null) **immer ausführbar.**

Zusammenfassung der Rechengesetze für rationale Zahlen

So wie bei den natürlichen Zahlen und den ganzen Zahlen gelten für rationale Zahlen die folgenden Rechengesetze:

Vertauschungsgesetz (Kommutativgesetz) der Addition — $a + b = b + a$

Vertauschungsgesetz (Kommutativgesetz) der Multiplikation — $a \cdot b = b \cdot a$

Verbindungsgesetz (Assoziativgesetz) der Addition — $(a + b) + c = a + (b + c)$

Verbindungsgesetz (Assoziativgesetz) der Multiplikation — $(a \cdot b) \cdot c = a \cdot (b \cdot c)$

Verbindung der vier Grundrechnungsarten

Wie für natürliche Zahlen und ganze Zahlen gelten auch für alle rationalen Zahlen die Vorrangregel und die Klammerregel.

Vorrangregel: Zuerst werden die Rechnungsarten zweiter Stufe (Multiplikation, Division) ausgeführt, dann die Rechnungsarten erster Stufe (Addition, Subtraktion).

„Punktrechnung vor Strichrechnung!“

Klammerregel: Kommen in einer Rechnung Klammern vor, so werden die Rechnungen in der Klammer zuerst berechnet.

Insgesamt gilt: **KLA – PU – STRI**

„**Kla**mmer – **Pu**nktrechnung – **Stri**chrechnung“

Beispiel: Berechne!

a) $-1\frac{2}{5}:\left(+4\frac{2}{3}\right)+\left(-4\frac{1}{2}\right)\cdot\left(-1\frac{7}{9}\right)=$	In unechte Brüche verwandeln.
$=-\frac{7}{5}:\left(+\frac{14}{3}\right)+\left(-\frac{9}{2}\right)\cdot\left(-\frac{16}{9}\right)=$	Punkt- vor Strichrechnung
$=-\left(\frac{7}{5}\cdot\frac{3}{14}\right)+\left[+\left(\frac{9}{2}\cdot\frac{16}{9}\right)\right]=$	Achte auf die Vorzeichenregel!
$=-\left(\frac{{}^{1}\cancel{7}}{5}\cdot\frac{3}{\cancel{14}_{2}}\right)+\left(\frac{{}^{1}\cancel{9}}{{}_{1}\cancel{2}}\cdot\frac{\cancel{16}^{8}}{\cancel{9}_{1}}\right)=$	Kürze bevor du multiplizierst!
$=-\frac{3}{10}+8=7\frac{7}{10}$	
b) $-\frac{3}{4}\cdot 1\frac{1}{6}+\left(-2\frac{1}{2}+1\frac{5}{6}\right)\cdot 1\frac{7}{8}=$	Zuerst die Rechnung in der Klammer.
$=-\frac{3}{4}\cdot 1\frac{1}{6}+\left(-\frac{5}{2}+\frac{11}{6}\right)\cdot 1\frac{7}{8}=$	Auf gleichen Nenner bringen.
$=-\frac{3}{4}\cdot 1\frac{1}{6}+\left(-\frac{15}{6}+\frac{11}{6}\right)\cdot 1\frac{7}{8}=$	
$=-\frac{3}{4}\cdot\frac{7}{6}+\left(-\frac{4}{6}\right)\cdot\frac{15}{8}=$	Verwandeln in unechte Brüche.
$=-\frac{3}{4}\cdot\frac{7}{6}-\left(\frac{4}{6}\cdot\frac{15}{8}\right)=$	Achte auf die Vorzeichenregeln!
$=-\frac{{}^{1}\cancel{3}}{4}\cdot\frac{7}{\cancel{6}_{2}}-\left(\frac{{}^{1}\cancel{4}}{{}_{2}\cancel{6}}\cdot\frac{\cancel{15}^{5}}{\cancel{8}_{2}}\right)=$	Kürzen!
$=-\frac{7}{8}-\frac{5}{4}=$	Auf gleichen Nenner bringen.
$=-\frac{7}{8}-\frac{10}{8}=-\frac{17}{8}=-2\frac{1}{8}$	

Rechnen mit rationalen Zahlen

1 Berechne den neuen Kontostand! Markiere was vom Konto abgebucht wird mit rot und was dem Konto gutgeschrieben wird mit grün.

alter Kontostand	–238,56 €
Miete	485,23 €
Überweisung für online Shopping	56,50 €
Gutschrift	18,25 €
Abbuchung Handy-Rechnung	25,00 €
Abhebung Bankomat	400,00 €
Monatsgehalt	1 856,47 €

2 Berechne!

a) $-3{,}9 + (-5{,}2) =$

b) $-6{,}1 - (-7{,}3) =$

c) $5{,}4 - (+6{,}8) =$

d) $19{,}7 - (-35{,}8) =$

3 Berechne!

a) $(-2{,}5) + (-4{,}3) - (+2{,}8) - (-1{,}6) =$

b) $6 - (-3{,}5) + (+7{,}2) - (-1{,}8) =$

4 Berechne!

a) $-13{,}76 + (-49{,}5) - (+28{,}2) - (+7{,}5) =$

b) $36{,}7 - (-8{,}5) - (-19{,}2) + (+7{,}3) - (+8{,}7) =$

5 Berechne!

a) $1{,}2 - (3{,}4 + 2{,}8 - 6{,}1) =$

b) $14{,}5 - 8{,}9 - (6{,}4 + 1{,}9) =$

6 Berechne!

a) $(-2{,}5) \cdot (-3) + (+1{,}7) \cdot (-4) =$

b) $(+7{,}5) \cdot (-1{,}5) - (+2{,}8) \cdot (-1{,}1) =$

7 Berechne!

a) $(-5{,}1) : (+1{,}7) - \left[(+8{,}5) - 7{,}5 \cdot (-2)\right] =$

b) $(+12{,}6) : (-0{,}18) - (-4{,}52) \cdot 0{,}5 =$

8 Berechne!

a) $-2\frac{3}{4}+\left(+1\frac{1}{2}\right)+\left(-4\frac{2}{3}\right)=$

b) $-4\frac{2}{3}+\left(-1\frac{5}{6}\right)-\left(+2\frac{3}{4}\right)+12\frac{1}{2}-\left(-5\frac{1}{2}\right)=$

---

9 Berechne!

a) $-\left[\left(+2\frac{1}{4}\right)-\left(-1\frac{1}{8}\right)\right]-\left[\left(-3\frac{1}{2}\right)-\left(+2\frac{3}{8}\right)\right]=$

b) $\left[(-3{,}2)+\left(-\frac{1}{8}\right)+(+0{,}75)\right]-\left[(+0{,}3)+\left(-2\frac{4}{5}\right)\right]=$

---

10 Berechne!

a) $\left(+2\frac{2}{3}\right)\cdot\left(-2\frac{1}{4}\right)=$

b) $\left(+1\frac{1}{2}\right)\cdot\left(-2\frac{1}{3}\right)\cdot\left(-3\frac{3}{4}\right)=$

---

11 Berechne!

a) $\left(-4\frac{2}{3}\right):\left(+3\frac{1}{2}\right)=$

b) $\left(+5\frac{5}{8}\right):\left(-1\frac{7}{8}\right)=$

---

12 Berechne!

a) $\left(-5\frac{1}{4}\right):\left(+2\frac{1}{4}\right)+\left(-1\frac{2}{3}\right)\cdot\left(+3\frac{3}{5}\right)=$

b) $\left(-3\frac{3}{10}\right)\cdot\left(+1\frac{2}{3}\right)+\left(+1\frac{5}{6}\right):\left(-2\frac{1}{3}\right)=$

---

13 Berechne!

a) $1\frac{1}{3}-\left(-\frac{1}{27}+\frac{1}{3}+\frac{1}{9}\right):\left(-\frac{3}{8}+1\frac{1}{2}+\frac{1}{4}\right)=$

b) $\left[-4\frac{2}{9}+\left(-4\frac{2}{3}\right)\cdot\left(-1\frac{1}{2}\right)\right]:\left(-4\frac{1}{6}\right)=$

---

14 Berechne!

a) $\frac{-5-(-17)}{4-(-8)}=$

b) $\frac{-6-(+8)}{5-(+9)}=$

c) $\frac{13{,}7-(-7{,}3)}{6{,}4-(+3{,}4)}=$

d) $\frac{-13{,}2-(-6{,}4)}{-5{,}4-(-8{,}8)}=$

Rechnen mit Variablen

Variable

> Eine **Variable** (Platzhalter) ist ein Zeichen, das für eine beliebige Zahl steht.

Du kennst bereits einige Beispiele, wo Variablen verwendet wurden:

– Vertauschungsgesetz der Addition:

$a + b = b + a$ (dabei stehen die Variablen a, b für rationale Zahlen)

– Umfang eines Quadrats: $u = 4 \cdot a$

$4 \cdot a$ → **Koeffizient** (4), **Variable** (a)

Statt $4 \cdot a$ schreibt man kurz 4a.
Statt $1 \cdot a$ oder 1a schreibt man kurz a.

Es ist üblich, den Koeffizienten vor die Variable zu schreiben.

Term

> Ein mathematisch sinnvoller Rechenausdruck in dem Zahlen, Variablen, Rechenzeichen oder Vorzeichen vorkommen, wird als **Term** bezeichnet.

sinnvoller Ausdruck: $2x + 5$, $-\frac{1}{2}y - 3z$

nicht sinnvoller Ausdruck: $a - \frac{2}{0}$, $x : -2$

Anmerkung:
Auch in Formeln können Terme vorkommen.
Zum Beispiel gibt der Term $(a + b) \cdot 2$ den Umfang eines Rechtecks an.
Als Formel geschrieben: $u = (a + b) \cdot 2$

Beispiel: Gib eine Formel für den Umfang u und den Flächeninhalt A an!

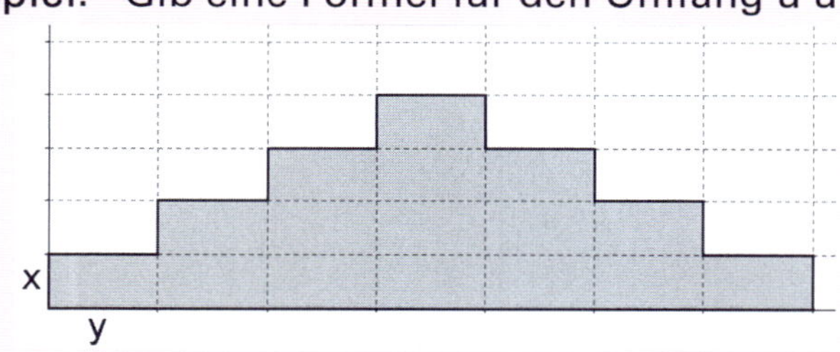

Lösung:
Zähle wie oft x bzw. y vorkommen.

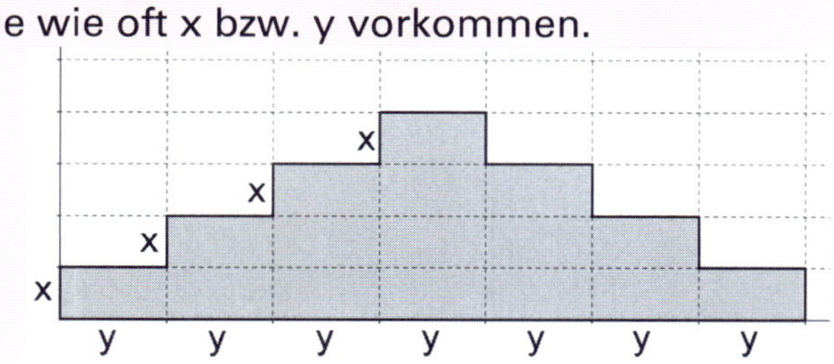

x kommt 8-mal vor,
y kommt 14-mal vor

$u = 8 \cdot x + 14 \cdot y$

$u = 8x + 14y$

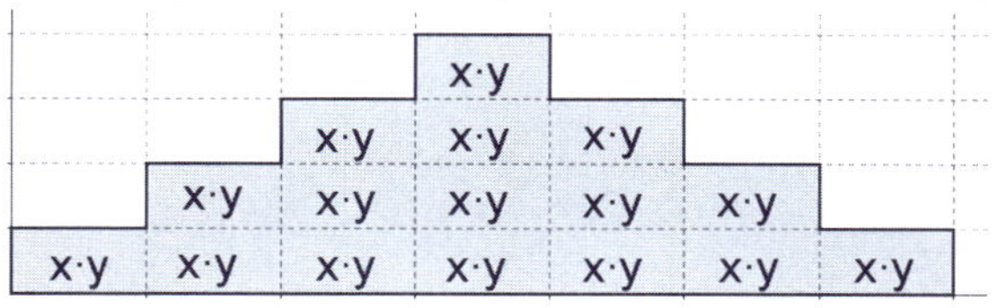

Die Fläche $x \cdot y$ kommt 16-mal vor.

$A = 16 \cdot x \cdot y$

$A = 16xy$

Beachte:
Kommen in einer Rechnung mehrere Variablen vor, so werden sie im Ergebnis alphabetisch geordnet.

Besondere Namen für Terme

(-2), $+3$, $8 + 5$	Zahlenterme
$3a$, $5x$	eingliedrige Ausdrücke (Monome)
$5x - 3z$, $-\frac{a}{2} + \frac{3}{4}b$	zweigliedrige Ausdrücke (Binome)
$u + v - z$, $2a - 3b + 5c$	mehrgliedrige Ausdrücke (Polynome)

Zahlen für Variablen einsetzen

Wenn man für Variablen Zahlen einsetzt, musst du Folgendes beachten:
– Für **dieselbe Variable** darfst du nur **dieselbe Zahl** einsetzen.
– Für verschiedene Variablen darfst du auch verschiedene Zahlen einsetzen.

Addition und Subtraktion mit Variablen

Beispiele: $5x + 3x = 8x$ — Du addierst bzw. subtrahierst nur die Koeffizienten!

$-5a + 2a = -3a$

Beispiel: Berechne und überprüfe dein Ergebnis durch eine Probe.
Setze für $a = 2$ und $b = 3$!

$4a + 2b - 2a + 5b =$ — Es können nur gleichnamige Monome zusammengefasst werden!

Zusammenfassen von „a“: $4a - 2a = 2a$

$= 2a + 7b$ — Zusammenfassen von „b“: $2b + 5b = 7b$

Probe:

Bei der Probe setzt du zunächst für die Variablen im Anfangsterm (A).

A: $4 \cdot 2 + 2 \cdot 3 - 2 \cdot 2 + 5 \cdot 3 =$

$= 8 + 6 - 4 + 15 = 25$

Dann setzt du im Ergebnisterm (E) ein und vergleichst den Wert von E mit dem Wert von A.

E: $2 \cdot 2 + 7 \cdot 3 =$

$= 4 + 21 = 25$ — A = E w. A. Die Rechnung ist richtig!

Beispiel: Berechne und führe eine Probe mit $x = 1$ und $y = 2$ durch!

$6x + 2 - 3y - 2x + 5y + 5 =$ Fasse alle x, alle y und alle Zahlen zusammen.
x hat als Koeffizienten 6 und –2. $6 - 2 = 4$, also 4x
y hat als Koeffizienten –3 und +5. $-3 + 5 = 2$, also 2y
$2 + 5 = 7$

$= 4x + 2y + 7$ Durch das Abhaken wirst du nichts vergessen!

Probe:

A: $6 \cdot 1 + 2 - 3 \cdot 2 - 2 \cdot 1 + 5 \cdot 2 + 5 =$
$= 6 + 2 - 6 - 2 + 10 + 5 = 15$

E: $4 \cdot 1 + 2 \cdot 2 + 7 =$
$= 4 + 4 + 7 = 15$ A = E w. A.

Beispiel: Berechne!

$\frac{5x}{3} - \frac{1}{6}x + 2 =$ Beachte: $\frac{5x}{3} = \frac{5}{3}x$

$= \frac{5}{3}x - \frac{1}{6}x + 2 =$ Auf gleichen Nenner bringen.

$= \frac{10}{6}x - \frac{1}{6}x + 2 =$

$= \frac{9}{6}x + 2 =$ Kürzen

$= \frac{3}{2}x + 2$

Rechnen mit Klammern

Du hast schon öfters mit Klammern gerechnet. Erinnere dich zum Beispiel an das Verbindungsgesetz der Addition. Dieses besagt, dass man 3 Summanden zu beliebigen Teilsummen zusammenfassen kann:

$a + b + c = a + (b + c)$ bzw. $a + (b + c) = a + b + c$

Daraus folgt:

Auflösen der Klammer:
Steht vor der Klammer ein „+“, kann die Klammer weggelassen werden.

$a + (b + c) = a + b + c$ $a + (b - c) = a + b - c$

Du kannst dich sicher auch daran erinnern, dass man bei der Subtraktion mehrerer Zahlen die Summe der Zahlen subtrahieren kann:

$a - b - c = a - (b + c)$ bzw. $a - (b + c) = a - b - c$

Daraus folgt:

Auflösen der Klammer:
Steht vor einer Klammer ein „–“, wird beim Auflösen der Klammer jedes Zeichen in der Klammer durch sein entgegengesetztes ersetzt.

$a - (b + c) = a - b - c$ $a - (b - c) = a - b + c$

Beispiel: Berechne!

a) $3a + (5a + 1) =$ — Auflösen der Klammer: „+“ ⇒ Klammer weglassen!
$= 3a + 5a + 1 =$ — Zusammenfassen
$= 8a + 1$

b) $(7x + 3y) + (3x - 5y) =$ — Vor den Klammern: „+“ ⇒ Klammer weglassen!
$= 7x + 3y + 3x - 5y =$ — Zusammenfassen von gleichen Monomen
$= 10x - 2y$

c) $6b - (2b - 3) =$ — Auflösen der Klammer: „–“ ⇒ Rechenzeichen in der Klammer wird geändert.
$= 6b - 2b + 3 =$ — Zusammenfassen von gleichen Monomen
$= 4b + 3$

d) $8y - (3y + 5) - (y - 2) =$ — Auflösen der Klammern: „–“ ⇒ alle Rechenzeichen in den Klammern werden geändert.
$= 8y - 3y - 5 - y + 2 =$ — Zusammenfassen von gleichen Monomen
$= 4y - 3$

> Es gibt verschiedene Klammern: runde (...), eckige [...], geschwungene { ... }.
> Löse immer zuerst die innerste Klammer (runde), dann die eckige und zum Schluss die geschwungene Klammer auf!

Beispiel: Berechne und führe eine Probe mit $a = 1$ und $b = 2$ durch!

$a + 7b + [3a - (a - 5b)] =$ — Auflösen der runden Klammern: „–“ ⇒ Ändern des Rechenzeichens!
$= a + 7b + [3a - a + 5b] =$ — Zusammenfassen in der eckigen Klammer
$= a + 7b + [2a + 5b] =$ — Auflösen der eckigen Klammer: „+“ ⇒ Klammer weglassen!
$= a + 7b + 2a + 5b =$ — Zusammenfassen von gleichen Monomen
$= 3a + 12b$

Probe:

A: $1 + 7 \cdot 2 + [3 \cdot 1 - (1 - 5 \cdot 2)] =$ — Bei der Probe musst du den Wert jeder Klammer errechnen!
$= 1 + 14 + [3 - (1 - 10)] =$ — Punkt- vor Strichrechnung
$= 1 + 14 + [3 - (-9)] =$ — Wert innerhalb der runden Klammer
$= 1 + 14 + [3 + 9] =$ — Wert innerhalb der eckigen Klammer
$= 1 + 14 + 12 = 27$

E: $3 \cdot 1 + 12 \cdot 2 =$
$= 3 + 24 = 27$ $\quad$ A = E w. A.

Addition und Subtraktion mit Variablen

1 Stelle eine Formel für die Berechnung des Umfangs auf und setze für a = 35 mm ein!

a)

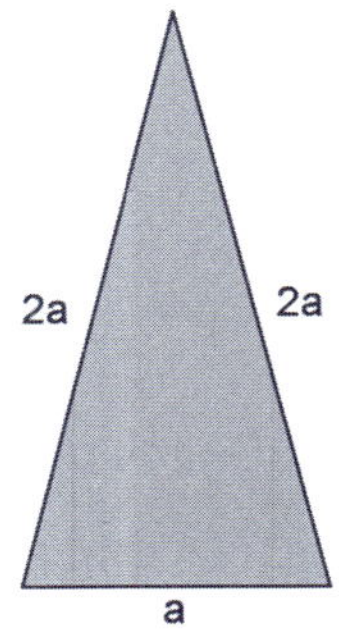

u =

b)

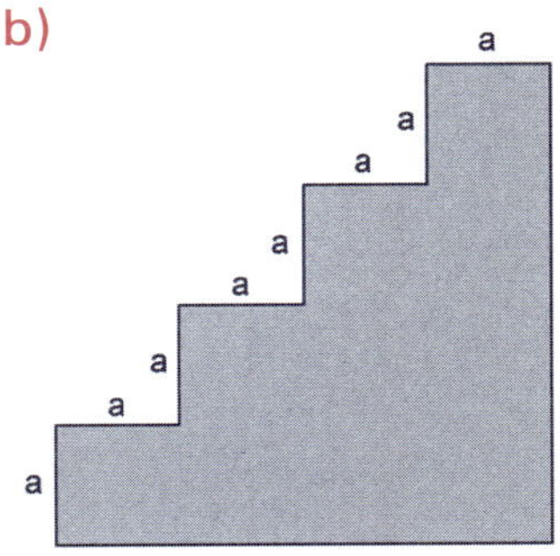

u =

2 Welcher Term passt? Kreuze an!

a) Lukas hat 5-mal so viele DVDs wie Lena. Wie viele haben sie zusammen?

☐ $5x$ ☐ $5x + x$ ☐ $x + 5$

b) Vermehre eine Zahl um das 5-fache einer anderen Zahl!

☐ $(x + 3) + (y + 5)$ ☐ $x + 5y$ ☐ $x + 5x$

c) In einem Rechteck mit der Länge a und der Breite b wird die Länge um 3 cm verlängert. Wie groß ist der Flächeninhalt?

☐ $(a + 3) \cdot b$ ☐ $a \cdot b + 3$ ☐ $3a \cdot b$

3 Berechne und führe die Probe mit a = 1 und b = 2 durch!

a) $5a - 3b + 2a + a - b =$

b) $8a - 2b - 4b + a - b =$

c) $a - 3b + 2b - 4a + 1 =$

d) $7{,}5b + 3{,}5a - 1{,}5b + 10{,}2a - 5{,}8b =$

4 Berechne und führe die Probe mit a = 3 und b = 2 durch!

a) $3a - 2b + 8a + 7b - (5a + b) =$

b) $-3b + 5 + (7b - 3a - 1) - (6a - 5b - 2) =$

5 Berechne und führe die Probe mit $x = 2$ und $y = 3$ durch!

a) $6x - 3y + 4 - [4x + 1 - (2x - 5y - 3) - 2y] =$

b) $-5y + 2x - [3x + y + 1 - (-2y - 5)] =$

---

6 Berechne und führe eine Probe mit $x = 2$ und $y = 1$ durch!

a) $\frac{3}{2}x - \left(\frac{1}{4}x + \frac{1}{2}y\right) - 4y =$

b) $\frac{1}{4}y - \left[\frac{1}{8}x - \left(1 + \frac{3}{8}y\right)\right] =$

---

7 Berechne und führe eine Probe mit $x = 1$ und $y = 2$ durch!

a) $8x - (7y - x) - (5y - 8x) =$

b) $15y - (7x + 3y) - [8x - (2y - 6x)] =$

c) $2y - \{5x - [4y - (3x + 7y)]\} =$

d) $7x - \{8y - x - [2x - (4y + 3x)]\} =$

e) $2{,}7x - [5{,}4y - (8{,}4x + 9{,}2y)] =$

f) $3{,}2y - [4{,}5x - (2{,}5y + 5{,}5x)] =$

---

8 Berechne und führe eine Probe mit $x = 2$ durch!

a) $3x - \{2x + 1 + [-x + (1 - 2x)]\} =$

b) $5 - 4x - \{2 - [5 - (6 - 2x)]\} =$

---

9 Berechne und führe eine Probe mit $x = 1$, $y = 2$ und $z = 3$ durch!

a) $8x - [4y - 2z - (6x - 3y - 2z)] =$

b) $8x - \{4y - [2z - (6x - 3y)] - 2z\} =$

c) $8x - \{4y - [2z - (6x - 3y - 2z)]\} =$

d) $8x - \{4y - [2z - 6x - (3y - 2z)]\} =$

---

10 Berechne und führe eine Probe mit $x = 4$ und $y = 6$ durch!

a) $\frac{3x}{4} - \left(\frac{2y}{3} - \frac{5x}{8} + \frac{7y}{6}\right) =$

b) $\frac{3x}{4} - \frac{2y}{3} - \left(\frac{5x}{8} + \frac{7y}{6}\right) =$

c) $\frac{3x}{4} - \left[\left(\frac{2y}{3} - \frac{5x}{8}\right) + \frac{7y}{6}\right] =$

d) $\frac{3x}{4} - \left[\frac{2y}{3} - \left(\frac{5x}{8} + \frac{7y}{6}\right)\right] =$

Multiplikation mit Variablen

Berechne den Flächeninhalt!

Die Figur besteht aus 6 gleichen Rechtecken, wobei jedes den Flächeninhalt $a \cdot b$ hat.

$$A = \underbrace{ab + ab + ab + ab + ab + ab}_{\text{6-mal}}$$

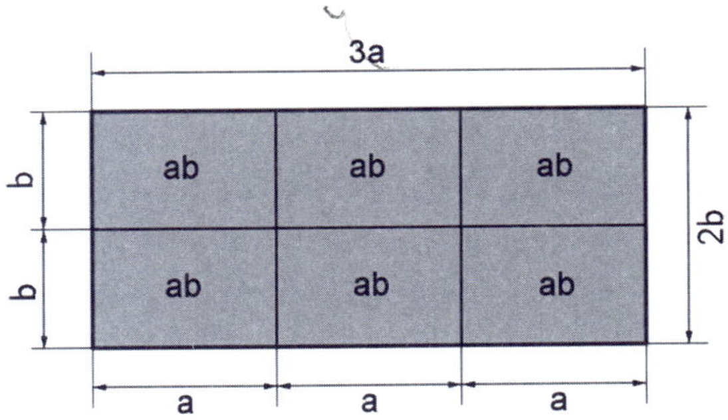

Diese **wiederholte Addition** derselben Summanden kann man kürzer als **Multiplikation** schreiben:

$$A = 6 \cdot ab = 6ab$$

Du hättest auch direkt rechnen können!

Ein Rechteck mit der Länge 3a und der Breite 2b hat als Flächeninhalt:

$$A = 3a \cdot 2b = 6ab$$

Beispiel: Berechne!

a) $12x \cdot 3y = 12 \cdot 3 \cdot x \cdot y = 36xy$

b) $5r \cdot (-2s) = -10rs$ — Achte auf die Vorzeichen!

c) $a \cdot (-2b) \cdot 7c = -14abc$ — Achte auf die Vorzeichen!

d) $2x \cdot 4y + 5x \cdot 2y =$ — *Beachte*: Punkt- vor Strichrechnung
$= 8xy + 10xy = 18xy$ — Zusammenfassen

Potenzen

Flächeninhalt eines Quadrats mit der Seitenlänge a: $A = a \cdot a$

Volumen eines Würfels mit der Seitenlänge a: $V = a \cdot a \cdot a$

Die **wiederholte Multiplikation** mit demselben Faktor kann man kürzer anschreiben:

$$A = a \cdot a = a^2 \qquad \text{bzw.} \quad V = a \cdot a \cdot a = a^3$$

Ausdrücke wie a^2 oder a^3 bezeichnet man als **Potenz**.

Man sagt:

$a \cdot a = a^2$ „**a hoch 2**" oder „**a zum Quadrat**" oder „**a Quadrat**"

$a \cdot a \cdot a = a^3$ „**a hoch 3**" oder „**a zur Dritten**"

Das Bilden der 2. Potenz nennt man **Quadrieren**, das Bilden der 3. Potenz **Kubieren**. Allgemein spricht man vom **Potenzieren**.

> Eine **Potenz** ist das **Produkt gleicher Faktoren**.

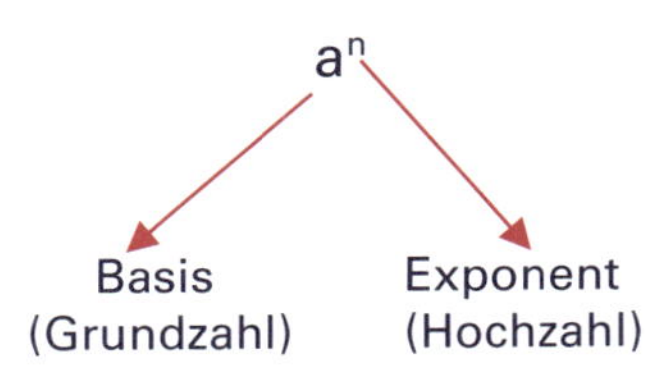

Der **Exponent n** gibt an, **wie oft die Basis a** als Faktor **genommen wird**.

Sonderfall: Für a^1 schreibt man a. Es gilt also: $a^1 = a$

Zusammenfassung:
Das **Multiplizieren** ist ein wiederholtes **Addieren gleicher Summanden.**
Das **Potenzieren** ist eine wiederholte **Multiplikation gleicher Faktoren.**

Beachte den Unterschied:

$2 \cdot 3 = 2 + 2 + 2 = 6$ Der Summand 2 wird 3-mal genommen.

$2^3 = 2 \cdot 2 \cdot 2 = 8$ Die Basis 2 muss 3-mal als Faktor genommen werden.

Beispiel: Berechne!

a) $4^3 = 4 \cdot 4 \cdot 4 = 64$

b) $10^4 = 10 \cdot 10 \cdot 10 \cdot 10 = 10\,000$

c) $\left(\frac{1}{2}\right)^2 = \frac{1}{2} \cdot \frac{1}{2} = \frac{1 \cdot 1}{2 \cdot 2} = \frac{1}{4}$

Gib acht, worauf sich die Hochzahl bezieht!

$\left(\frac{3}{4}\right)^2 = \frac{3}{4} \cdot \frac{3}{4} = \frac{3 \cdot 3}{4 \cdot 4} = \frac{9}{16}$ aber

$\frac{3^2}{4} = \frac{3 \cdot 3}{4} = \frac{9}{4}$ die Hochzahl 2 bezieht sich nur auf den Zähler 3.

Vorzeichen beim Potenzieren

gerade Potenz:

Anzahl der Faktoren (= Exponent) gerade

$(+2)^4 = (+2) \cdot (+2) \cdot (+2) \cdot (+2) = +16$

$(-2)^4 = (-2) \cdot (-2) \cdot (-2) \cdot (-2) = +16$

ungerade Potenz:

Anzahl der Faktoren (= Exponent) ungerade

$(+2)^5 = (+2) \cdot (+2) \cdot (+2) \cdot (+2) \cdot (+2) = +32$

$(-2)^5 = (-2) \cdot (-2) \cdot (-2) \cdot (-2) \cdot (-2) = -32$

Eine **Potenz** einer **positiven Zahl** ist eine **positive Zahl.**
Eine **Potenz** einer **negativen Zahl**
– ist eine **positive Zahl**, wenn die Hochzahl gerade ist (**gerade Potenz**).
– ist eine **negative Zahl**, wenn die Hochzahl ungerade ist (**ungerade Potenz**).

Multiplizieren, Potenzieren

1 Berechne!

a) $2z \cdot 3t =$ b) $10a \cdot 3b =$ c) $4a \cdot 5b =$ d) $5x \cdot 8y =$

2 Berechne!

a) $(-x) \cdot 3y =$ b) $5c \cdot (-3d) =$ c) $(-3x) \cdot (-5y) \cdot 2z =$

3 Berechne!

a) $\frac{x}{2} \cdot 3y =$ b) $\left(-\frac{c}{5} \cdot d\right) \cdot \left(-\frac{10}{3} d\right) =$

c) $\frac{a}{4} \cdot \frac{b}{2} \cdot (-6c) =$ d) $\left(-\frac{5}{8} u\right) \cdot \left(-\frac{4}{15} v\right) =$

4 Schreibe als Potenz an und gib den Wert an!

a) $4 \cdot 4 \cdot 4 \cdot 4 \cdot =$ b) $10 \cdot 10 \cdot 10 =$

c) $(-6) \cdot (-6) \cdot (-6) =$ d) $(-2) \cdot (-2) \cdot (-2) \cdot (-2) =$

5 Schreibe als Produkt an und berechne!

a) $2^3 =$ b) $5^2 =$ c) $(-3)^3 =$ d) $(-6)^2 =$

6 Ordne richtig zu!

a + a + a	
a · a · a	
2x · 2x · 2x	
2x + 2x + 2x	

A	8x
B	$2x^3$
C	3a
D	$8x^3$
E	6x
F	a^3

7 Schreibe als Potenz und berechne!

a) $(-2x) \cdot (-2x) \cdot (-2x) \cdot (-2x) =$ b) $\left(-\frac{a}{4}\right) \cdot \left(-\frac{a}{4}\right) \cdot \left(-\frac{a}{4}\right) =$

8 Berechne ohne Taschenrechner!

a) $(-1)^2, (-1)^3, (-1)^4, (-1)^5$ b) $(-0{,}1)^2, (-0{,}2)^3, (-0{,}4)^2, (-0{,}2)^4$

c) $\frac{2^3}{3}, \frac{2}{3^3}, \left(\frac{2}{3}\right)^3$ d) $\left(-\frac{3}{4}\right)^2, -\frac{3^2}{4}, -\frac{3}{4^2}, -\left(\frac{3}{4}\right)^2$

Rechnen mit Potenzen

Potenzieren ist eine **Rechnungsart dritter Stufe.**

Daher ergibt sich die Vorrangregel:

Vorrangregel:
1. Potenzieren (Rechnungsart 3. Stufe)
2. Punktrechnungen (Rechnungsarten 2. Stufe): Multiplikation, Division
3. Strichrechnungen (Rechnungsarten 1. Stufe): Addition, Subtraktion

Beispiel: Berechne!

a) $5^2 + 3^3 - 2^5 =$ — 1. Zuerst potenzieren
$= 25 + 27 - 32 = 20$ — 2. Rechenarten erster Stufe

b) $(-3)^2 + 4 \cdot 5^2 - 9^2 : 3 =$ — 1. Zuerst potenzieren
$= 9 + 4 \cdot 25 - 81 : 3 =$ — 2. Punkt- vor Strichrechnung
$= 9 + 100 - 27 = 82$

Man kann den Wert einer Potenz auch mit dem Taschenrechner bestimmen:
$2^5 = 32$ Tastenfolge: 2 [∧] 5 [=] Anzeige: 32
Manchmal schauen die Tasten für das Potenzieren auch anders aus: [y^x], [$x^{\square}$]
Lies in der Betriebsanleitung deines TR nach!

Zehnerpotenzen

Zehnerpotenzen sind so wichtig, dass einige sogar eigene Namen haben!

Wert	Zehnerpotenz	Zahl	Name	Symbol	Beispiel
10	10^1 (1 Null)	Zehn	Deka	da	1 dag = 10 g
100	10^2 (2 Nullen)	Hundert	Hekto	h	1 hl = 100 l
1 000	10^3 (3 Nullen)	Tausend	Kilo	k	1 km = 1 000 m
1 000 000	10^6 (6 Nullen)	Million	Mega	M	1 MB = 1 000 000 B*
1 000 000 000	10^9 (9 Nullen)	Milliarde	Giga	G	1 GB = 1 Milliarde B
1 000 000 000 000	10^{12} (12 Nullen)	Billion	Tera	T	1 TB = 1 000 GB
1 000 000 000 000 000	10^{15} (15 Nullen)	Billiarde	Peta	P	1 PB = 1 Milliarde GB

* Byte (Maßeinheit in der Informatik)

weitere Beispiele:
- Leistung des Kraftwerks Greifenstein/Donau: 300 MW
- Kapazität einer Festplatte eines Computers: 1 TB = $1 \cdot 10^{12}$ Bytes
- mittlerer Abstand der Sonne zum Zwergplaneten Pluto: 6 Tm = 6 Billionen m

Gleitkommadarstellung

In den Naturwissenschaften und in der Technik wird oft für die Angabe von sehr großen, aber auch von sehr kleinen Zahlen die Gleitkommadarstellung verwendet.

Eine Zahl in **Gleitkommadarstellung** besteht aus einer **Vorzahl und** einer **Zehnerpotenz.**

Beispiel:

Masse der Erde: $5{,}974 \cdot 10^{24}$ kg

Vorzahl (Mantisse M) — Zehnerpotenz

Wenn man diese Zahl ausschreibt, hat sie 24 Stellen. Die Gleitkommadarstellung dient also zu einer übersichtlichen Angabe von großen Zahlen.

Anmerkung:

Die Mantisse M ist eine Dezimalzahl zwischen 1 und 10: $1 \leq M < 10$.

Die Zehnerpotenz gibt an, um wie viele Stellen das Komma verschoben werden muss.

Beispiel: Schreibe die Zahl ohne Gleitkommadarstellung!

a) $4 \cdot 10^4 = 40\,000$ Zehnerpotenz $10^4 \Rightarrow$ Komma um 4 Stellen verschieben

b) $6{,}2 \cdot 10^3 = 6\,200$ Zehnerpotenz $10^3 \Rightarrow$ Komma um 3 Stellen verschieben

c) $2{,}05 \cdot 10^6 = 2\,050\,000$ Zehnerpotenz $10^6 \Rightarrow$ Komma um 6 Stellen verschieben

Beispiel: Schreibe die Zahl in Gleitkommadarstellung an. Beachte, dass die Mantisse zwischen 1 und 10 liegen muss.

a) $84\,000 = 8{,}4 \cdot 10^4$ Wenn du dir nicht sicher bist, mache die Probe indem du das Ergebnis wieder umwandelst.

b) $37\,500\,000 = 3{,}75 \cdot 10^7$

c) 4,7 Milliarden $= 4{,}7 \cdot 10^9$

Beispiel: Verwandle und gib das Ergebnis in Gleitkommadarstellung an!

a) 8 km² in m²

$8 \text{ km}^2 = 8\,000\,000 \text{ m}^2 = 8 \cdot 10^6 \text{ m}^2$

$8 \text{ km}^2 = \underbrace{.\,8}_{\text{km}^2}\ \underbrace{.\ .}_{\text{ha}}\ \underbrace{.\ .}_{\text{a}}\ \underbrace{.\ .}_{\text{m}^2}$

b) 0,3 m³ in cm³

$0{,}3 \text{ m}^3 = 300\,000 \text{ cm}^2 = 3 \cdot 10^5 \text{ cm}^3$

$0{,}3 \text{ m}^2 = 3\ \underbrace{.\ .}_{\text{dm}^3}\ \underbrace{.\ .\ .}_{\text{cm}^3}$

c) 75 t in kg

$75 \text{ t} = 75\,000 \text{ kg} = 7{,}5 \cdot 10^4 \text{ kg}$

$1 \text{ t} = 1\,000 \text{ kg}$

Beispiel: Berechne die Zahl!

a) $2 \cdot 10^3 + 5 \cdot 10^2 = 2\,000 + 500 = 2\,500$

b) $10^5 + 1 = 100\,000 + 1 = 100\,001$

c) $4 \cdot 10^6 + 3 \cdot 10^4 + 2 \cdot 10^2 = 4\,000\,000 + 30\,000 + 200 = 4\,030\,200$

Potenzieren

1 Berechne!

a) $5^3 =$ b) $(-5)^3 =$ c) $(-5)^2 =$

d) $4^2 =$ e) $(-4)^4 =$ f) $(-4)^2 =$

2 Berechne!

a) $2^3 + 3^2 - 1^4 =$ b) $(-2)^3 + 4 \cdot 3^3 =$

3 Berechne!

a) $(-5)^2 + 2 \cdot 4^2 - 8^2 : 4 =$ b) $2^5 : 8 - (-2)^3 \cdot (-7)^2 =$

4 Kreuze die richtige Zahl an!

a) $3 \cdot 10^7 + 5 \cdot 10^5 =$ ☐ 3 500 000 ☐ 3 050 000 ☐ 30 500 000

b) $6 \cdot 10^6 + 9 \cdot 10^3 + 4 \cdot 10^2 =$ ☐ 600 940 ☐ 6 009 400 ☐ 60 009 400

c) $4 \cdot 10^8 + 3 \cdot 10^4 + 1 \cdot 10 + 2 =$ ☐ 4 030 012 ☐ 40 030 012 ☐ 400 030 012

5 Rechne mit Zehner-Potenzen!

a) Wie viel Byte sind 20 GB Speicherkapazität einer Festplatte?

b) Wie viel Watt sind 10 MW?

6 Gib mithilfe von Zehner-Potenzen an!

a) Lichtgeschwindigkeit: 300 000 km/s

b) Erdumfang: 40 000 km

c) Abstand der Erde zur Sonne: 150 000 000 km

7 Kreuze die beiden richtigen Lösungen an!

a) $5\ m^2$ ☐ $5 \cdot 10^6\ cm^2$ ☐ $5 \cdot 10^2\ dm^2$ ☐ $5 \cdot 10^4\ cm^2$

b) 125 m ☐ $1{,}25 \cdot 10^4$ mm ☐ $1{,}25 \cdot 10^5$ mm ☐ $1{,}25 \cdot 10^4$ cm

c) 8 t ☐ $8 \cdot 10^3$ kg ☐ $8 \cdot 10^6$ g ☐ $8 \cdot 10^4$ dag

Addition und Subtraktion von Potenzen (Monomen)

$3a^2 + 5a^3 - 2a^2 + 2a^3 =$
$= 7a^3 + a^2$

Man kann nur **Potenzen** mit **gleicher Basis** und **gleichem Exponenten** zusammenfassen. Vergiss nicht auf das Abhaken! Ordne im Ergebnis nach fallenden Potenzen.

Beispiel: Vereinfache folgenden Term und führe eine Probe mit x = 2 durch!

$4x^3 - 2x + 3x^2 + 6x - 2x^3 + 7x^2 =$ Zusammenfassen der gleichen Monome

$= 2x^3 + 10x^2 + 4x$

Probe:

A: $4 \cdot 2^3 - 2 \cdot 2 + 3 \cdot 2^2 + 6 \cdot 2 - 2 \cdot 2^3 + 7 \cdot 2^2 =$
$= 4 \cdot 8 - 4 + 3 \cdot 4 + 6 \cdot 2 - 2 \cdot 8 + 7 \cdot 4 =$
$= 32 - 4 + 12 + 12 - 16 + 28 = 64$

E: $2 \cdot 2^3 + 10 \cdot 2^2 + 4 \cdot 2 =$
$= 2 \cdot 8 + 10 \cdot 4 + 4 \cdot 2 =$
$= 16 + 40 + 8 = 64$

A = E w. A.

Multiplikation von Potenzen mit gleicher Basis

Berechne: $x^3 \cdot x^4 = \underbrace{x \cdot x \cdot x}_{\text{3-mal}} \cdot \underbrace{x \cdot x \cdot x \cdot x}_{\text{4-mal}} = x^7$

Du hättest auch kürzer rechnen können: $x^3 \cdot x^4 = x^{3+4} = x^7$

Zwei **Potenzen** mit **gleicher Basis** werden **multipliziert**, indem man die **Exponenten addiert**:

Formel: $a^r \cdot a^s = a^{r+s} \quad r, s \in \mathbb{Z}^+$

Beispiel: Berechne!

a) $y^2 \cdot y^4 = y^{2+4} = y^6$

b) $3g^3 \cdot 5g^2 = 3 \cdot 5 \cdot g^3 \cdot g^2 = 15g^{3+2} = 15g^5$

c) $4a^3 \cdot 2a^2 - 7a^4 \cdot a = 8a^5 - 7a^5 = 1a^5 = a^5$

Division von Potenzen mit gleicher Basis

Man kann eine Division als Bruch schreiben. Das gilt auch für die Division mit Variablen:

$x^5 : x^3 = \frac{\cancel{x} \cdot \cancel{x} \cdot \cancel{x} \cdot x \cdot x}{\cancel{x} \cdot \cancel{x} \cdot \cancel{x}} = x^2$, also $x^5 : x^3 = x^2$

Man hätte auch kürzer rechnen können: $x^5 : x^3 = x^{5-3} = x^2$

Zwei **Potenzen** mit **gleicher Basis** werden **dividiert**, indem man die **Exponenten subtrahiert**:

Formel: $a^r : a^s = a^{r-s} \quad a \neq 0; r, s \in \mathbb{Z}^+; r > s$

Beispiel: Berechne und überprüfe das Ergebnis mit einer Multiplikation!

a) $y^4 : y^2 = y^{4-2} = y^2$ Probe: $y^2 \cdot y^2 = y^4$

b) $9g^3 : (3g^2) = 3 \cdot g^{3-2} = 3g^1 = 3g$ Probe: $3g \cdot 3g^2 = 9g^3$

c) $4a^3b^2 : (2ab) = 2a^{3-1} \cdot b^{2-1} = 2a^2b$ Probe: $2a^2b \cdot 2ab = 4a^3b^2$

d) $14x^6 : (-2x^3) = -7x^3$ Probe: $(-7x^3) \cdot (-2x^3) = 14x^6$

Sonderfall:

$5 : 5 = \frac{5}{5} = 1$ aber auch $5 : 5 = 5^1 : 5^1 = 5^{1-1} = 5^0 \Rightarrow 5^0 = 1$

$x^3 : x^3 = \frac{x^3}{x^3} = 1$ aber auch $x^3 : x^3 = x^{3-3} = x^0 \Rightarrow x^0 = 1$

Jede Potenz mit dem Exponenten 0 hat als Wert 1:

Formel: $a^0 = 1$

Potenzieren eines Produkts

Ein Produkt wird potenziert, indem man jeden Faktor potenziert:

Formel: $(a \cdot b)^n = a^n \cdot b^n$

Beispiel: Berechne!

a) $(2x)^3 = (2x) \cdot (2x) \cdot (2x) = 2 \cdot 2 \cdot 2 \cdot x \cdot x \cdot x = 8x^3$

Du hättest auch kürzer rechnen können: $(2x)^3 = 2^3 \cdot x^3 = 8x^3$

b) $(-3y)^2 = (-3)^2 \cdot y^2 = 9y^2$ Achte auf das Vorzeichen!

Potenzieren eines Quotienten

Ein Quotient wird potenziert, indem man Zähler und Nenner potenziert:

Formel: $(a : b)^n = \left(\frac{a}{b}\right)^n = \frac{a^n}{b^n}$

Beispiel: Berechne!

a) $\left(\frac{x}{2}\right)^3 = \frac{x}{2} \cdot \frac{x}{2} \cdot \frac{x}{2} = \frac{x \cdot x \cdot x}{2 \cdot 2 \cdot 2} = \frac{x^3}{8}$

Du hättest auch kürzer rechnen können: $\left(\frac{x}{2}\right)^3 = \frac{x^3}{2^3} = \frac{x^3}{8}$

b) $\left(-\frac{3a}{4}\right)^2 = \frac{(-3a)^2}{4^2} = \frac{9a^2}{16}$ Achte auf das Vorzeichen!

Rechnen mit Potenzen

1 Kreuze das richtige Ergebnis an!

a) $x^3 - x^2 + x^3 =$ ☐ $2x^3 - x^2$ ☐ x^5 ☐ $x^3 + x^2$

b) $2x^4 + 3x^3 - 4x^4 + x^3 =$ ☐ $4x^3 - 2x^4$ ☐ $6x^4 + 4x^3$ ☐ $-2x^4 - 2x^3$

2 Vereinfache den Term und führe eine Probe mit $x = 2$ durch!

a) $6x^2 - 5x^3 + x^2 + 7x^3 =$

b) $5x + 3x^2 - 2x^3 - 3x + x^2 =$

3 Kreuze das richtige Ergebnis an!

a) $x^2 \cdot x^3 =$ ☐ $2x^5$ ☐ x^5 ☐ x^6 ☐ $2x^6$

b) $a^3 \cdot a^4 =$ ☐ $2a^7$ ☐ $2a^{12}$ ☐ a^7 ☐ a^{12}

c) $2b \cdot b^4 =$ ☐ $3b^4$ ☐ $3b^5$ ☐ $2b^4$ ☐ $2b^5$

d) $s^4 \cdot s^2 =$ ☐ $2s^6$ ☐ s^6 ☐ s^8 ☐ $2s^4$

4 Berechne!

a) $b^3 \cdot b^2 =$

b) $4x^4 \cdot 3x^3 =$

c) $2h^2 \cdot 3h^5 \cdot h =$

d) $3x^2 \cdot 4x^3 \cdot 5x^4 =$

e) $2x^3 \cdot x^2 \cdot 7x =$

f) $a^4 \cdot 3a \cdot 5a^3 =$

5 Berechne! Welche Formel verwendest du? Kreuze an!

	$(a \cdot b)^n$	$a^r \cdot a^s$	$\left(\frac{a}{b}\right)^n$	Ergebnis
$x^2 \cdot x^3$	☐	☐	☐	
$(x \cdot 2y)^2$	☐	☐	☐	
$\left(\frac{x}{2}\right)^2$	☐	☐	☐	
$a^3 \cdot a^4$	☐	☐	☐	
$-\left(\frac{r}{4}\right)^2$	☐	☐	☐	
$(-u \cdot 2v)^2$	☐	☐	☐	

6 Richtig oder falsch? Stelle falsche Ergebnisse richtig und schreibe sie rechts an!

	richtig	falsch
$a^2 \cdot b^3 = (ab)^5$	☐	☐
$x \cdot x^4 = 2x^5$	☐	☐
$y^2 \cdot y^3 = y^5$	☐	☐
$\left(\frac{x}{2}\right)^3 = \frac{x^3}{6}$	☐	☐
$\left(-\frac{a}{2}\right)^3 = -\frac{a^3}{8}$	☐	☐
$-\left(\frac{u}{3}\right)^2 = \frac{u^2}{9}$	☐	☐

7 Berechne!

a) $12a^4 \cdot 3a^2 - 5a^3 \cdot a^3 =$

b) $2x \cdot 3x^2 - x^2 \cdot 2x =$

c) $4c^2 \cdot c^3 + 2c^3 \cdot 5c^2 - 3c \cdot 2c^4 =$

d) $3y^2 \cdot 2y - y \cdot 6y^2 + 7y \cdot y \cdot y =$

8 Berechne!

a) $s^4 : s^2 =$

b) $a^3 : a^2 =$

c) $27x^3 : 9x^2 =$

9 Kürze so weit wie möglich!

a) $\frac{10x^5}{2x^3} =$

b) $\frac{12a^3b}{4b} =$

c) $\frac{24r^4s^2}{48rs^3} =$

10 Berechne!

a) $(-2 \cdot a)^3 =$

b) $(-5 \cdot x \cdot y)^2 =$

c) $(4a)^4 =$

d) $\left(-\frac{3x}{2}\right)^3 =$

e) $-\left(\frac{x}{y}\right)^5 =$

f) $\left(-\frac{3a}{b}\right)^2 =$

g) $\left(\frac{2ab}{c}\right)^4 =$

h) $\left(-\frac{2x}{3y}\right)^3 =$

i) $-\left(\frac{2x}{3y}\right)^2 =$

Multiplizieren mit eingliedrigen Ausdrücken

Eine **Summe** wird **multipliziert**, indem man **jeden Summanden multipliziert.**

Formel: $(a + b) \cdot c = a \cdot c + b \cdot c$

Anmerkung:
Dieses Gesetz wird als das **Verteilungsgesetz** (Distributivgesetz) **der Multiplikation** bezeichnet.

Genauso gilt $(a - b) \cdot c = a \cdot c - b \cdot c$

Beispiel: Berechne!

a) $(a + b) \cdot 2 =$ — Umfang eines Rechtecks
$= a \cdot 2 + b \cdot 2 = 2a + 2b$

b) $(2a + 5b) \cdot 3a =$ — Multipliziere jeden Summanden!
$= 2a \cdot 3a + 5b \cdot 3a = 6a^2 + 15ab$ — Vereinfachen

c) $3x \cdot (4x - 3y) =$
$= 3x \cdot 4x - 3x \cdot 3y = 12x^2 - 9xy$

d) $(4x^2 - 3x + 2) \cdot 2x =$
$= 4x^2 \cdot 2x - 3x \cdot 2x + 2 \cdot 2x =$
$= 8x^3 - 6x^2 + 4x$

Beispiel: Berechne und führe die Probe mit a = 2 und b = 1 durch!

$3 \cdot (4a + 3b) + 5 \cdot (2a - b) =$ — 1. Punkt- vor Strichrechnung
$= 12a + 9b + 10a - 5b = 22a + 4b$ — 2. Zusammenfassen

Bei der **Probe** musst du zuerst den **Wert der Klammern** bestimmen (Klammerregel)!

A: $3 \cdot (4 \cdot 2 + 3 \cdot 1) + 5 \cdot (2 \cdot 2 - 1) =$
$= 3 \cdot (8 + 3) + 5 \cdot (4 - 1) =$
$= 3 \cdot 11 + 5 \cdot 3 = 33 + 15 = 48$

E: $22 \cdot 2 + 4 \cdot 1 =$
$= 44 + 4 = 48$

A = E w. A.

Beispiel: Berechne!

$5 \cdot (2x + 5y) - 3 \cdot (3x + 8y) =$ — Vor der 2. Klammer steht ein „–"
$= 10x + 25y - 9x - 24y = x + y$ — Zeichenwechsel

Beispiel: Berechne!

$3x \cdot (x - 4y) - 2y \cdot (2x - 3y) =$ — *Beachte*: $-2y \cdot 2x = -4xy$, $-2y \cdot (-3y) = +6y^2$
$= 3x^2 - 12xy - 4xy + 6y^2 =$
$= 3x^2 - 16xy + 6y^2$

Multiplizieren mit mehrgliedrigen Ausdrücken

Berechne $x \cdot (c + d)$!

$x \cdot (c + d) = x \cdot c + x \cdot d$	Setze nun für x den Term (a + b) ein!
$(a + b) \cdot (c + d) = (a + b) \cdot c + (a + b) \cdot d =$	Ausrechnen
$= a \cdot c + b \cdot c + a \cdot d + b \cdot d$	

> Wenn du mehrgliedrige Ausdrücke multiplizierst, musst du **jedes Glied** des ersten Terms **mit jedem Glied** des zweiten Terms multiplizieren. Achte dabei auf die Vorzeichenregeln.

Beispiel: Berechne und führe eine Probe mit $x = 1$ durch!

$(5x + 4) \cdot (6x - 2) =$	Multipliziere zunächst mit 6x, dann mit (–2)!
$= 5x \cdot 6x + 4 \cdot 6x + 5x \cdot (-2) + 4 \cdot (-2) =$	Ausrechnen
$= 30x^2 + 24x - 10x - 8 = 30x^2 + 14x - 8$	Zusammenfassen

Probe: $x = 1$

A: $(5 \cdot 1 + 4) \cdot (6 \cdot 1 - 2) = 9 \cdot 4 = 36$

E: $30 \cdot 1^2 + 14 \cdot 1 - 8 = 30 \cdot 1 + 14 - 8 = 36$ A = E w. A.

Beispiel: Berechne und führe eine Probe mit $u = 2$ und $v = 1$ durch!

$(4u - 2v) \cdot (3u + 5v) =$

$= 4u \cdot 3u + (-2v) \cdot 3u + 4u \cdot 5v + (-2v) \cdot 5v =$

$= 12u^2 - 6uv + 20uv - 10v^2 = 12u^2 + 14uv - 10v^2$

Probe:

A: $(4 \cdot 2 - 2 \cdot 1) \cdot (3 \cdot 2 + 5 \cdot 1) = 6 \cdot 11 = 66$

E: $12 \cdot 2^2 + 14 \cdot 2 \cdot 1 - 10 \cdot 1^2 = 12 \cdot 4 + 14 \cdot 2 - 10 \cdot 1 =$

$= 48 + 28 - 10 = 66$ A = E w. A.

Beispiel: Berechne und führe eine Probe mit $a = 1$ und $b = 2$ durch!

$(-4a^2 + 2ab + 5b^2) \cdot (-3a - 2b) =$

$= (-4a^2) \cdot (-3a) + 2ab \cdot (-3a) + 5b^2 \cdot (-3a) + (-4a^2) \cdot (-2b) + 2ab \cdot (-2b) + 5b^2 \cdot (-2b) =$

$= 12a^3 - 6a^2b - 15ab^2 + 8a^2b - 4ab^2 - 10b^3 =$

$= 12a^3 + 2a^2b - 19ab^2 - 10b^3$

Probe:

A: $(-4 \cdot 1^2 + 2 \cdot 1 \cdot 2 + 5 \cdot 2^2) \cdot (-3 \cdot 1 - 2 \cdot 2) =$

$= (-4 \cdot 1 + 2 \cdot 2 + 5 \cdot 4) \cdot (-3 - 4) = (-4 + 4 + 20) \cdot (-7) = 20 \cdot (-7) = -140$

E: $12 \cdot 1^3 + 2 \cdot 1^2 \cdot 2 - 19 \cdot 1 \cdot 2^2 - 10 \cdot 2^3 =$

$= 12 + 2 \cdot 2 - 19 \cdot 4 - 10 \cdot 8 =$

$= 12 + 4 - 76 - 80 = -140$ A = E w. A.

Binomische Formeln

Beim Rechnen mit Termen benötigst du binomische Formeln. Du kannst sie auf das Multiplizieren mit mehrgliedrigen Ausdrücken zurückführen, einige sind aber so wichtig, dass du sie auswendig können solltest:

$(a + b)^2 = (a + b) \cdot (a + b) = a^2 + ab + ab + b^2 = \mathbf{a^2 + 2ab + b^2}$

$(a - b)^2 = (a - b) \cdot (a - b) = a^2 - ab - ab + b^2 = \mathbf{a^2 - 2ab + b^2}$

$(a - b) \cdot (a + b) = a^2 - ab + ab - b^2 = \mathbf{a^2 - b^2}$

Binomische Formeln

$(a + b)^2 = a^2 + 2ab + b^2$ $\quad$ $(a - b)^2 = a^2 - 2ab + b^2$ $\quad$ $(a - b) \cdot (a + b) = a^2 - b^2$

Beispiel: Berechne unter Verwendung der binomischen Formeln!

a) $(2x + 3y)^2 =$ Wende die Formel $(a + b)^2$ mit $a = 2x$ und $b = 3y$ an.

$= (2x)^2 + 2 \cdot 2x \cdot 3y + (3y)^2 =$

$= 4x^2 + 12xy + 9y^2$

b) $(z - 4)^2 =$ Wende die Formel $(a - b)^2$ mit $a = z$ und $b = 4$ an.

$= z^2 - 2 \cdot z \cdot 4 + 4^2 = z^2 - 8z + 16$

c) $(3x - 2y) \cdot (3x + 2y) =$ Wende die Formel $(a - b) \cdot (a + b)$ mit $a = 3x$ und $b = 2y$ an.

$= (3x)^2 - (2y)^2 = 9x^2 - 4y^2$

Du kannst die Gültigkeit der Formel $(a + b)^2 = a^2 + 2ab + b^2$ auch graphisch überprüfen:

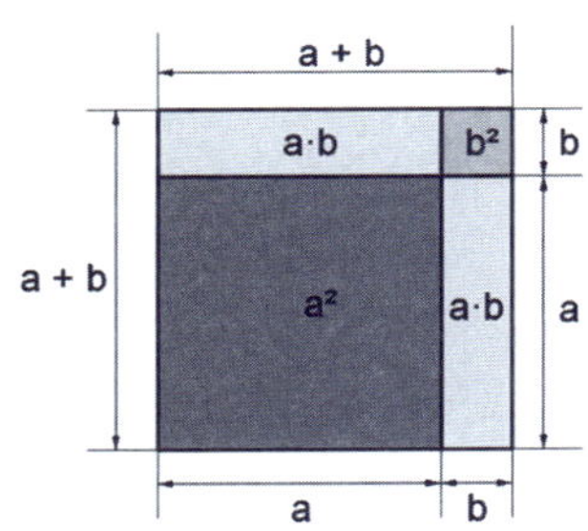

Beispiel: Berechne und führe die Probe mit $u = 1$ und $v = 2$ durch!

$(3u + 2v)^2 - (2u - 3v)^2 =$	1. Anwenden der Formeln
$= (9u^2 + 12uv + 4v^2) - (4u^2 - 12uv + 9v^2) =$	2. Auflösen der Klammern
$= 9u^2 + 12uv + 4v^2 - 4u^2 + 12uv - 9v^2 =$	3. Zusammenfassen
$= 5u^2 + 24uv - 5v^2$	

Probe mit dem Taschenrechner:

A: $(3 \cdot 1 + 2 \cdot 2)^2 - (2 \cdot 1 - 3 \cdot 2)^2 = 33$

E: $5 \cdot 1^2 + 24 \cdot 1 \cdot 2 - 5 \cdot 2^2 = 33$ $\quad$ A = E w. A.

Tipp:

Setze die Zahlen immer in die Angabe und in das Ergebnis ein. Schreibe diese Rechnung an und verwende erst dann den TR.

Multiplikation mit ein- und mehrgliedrigen Ausdrücken

1 Verbinde, was zusammengehört!

$x \cdot (2x - 3)$	$3x^2 - 6x$
$3x \cdot (x - 1)$	$2x^2 - 3x$
$x \cdot (3 - 2x)$	$3x - 2x^2$
$3x \cdot (x - 2)$	$3x^2 - 3x$

2 Berechne!

a) $2x \cdot (x - 4) + x \cdot (3 - x) =$

b) $5a \cdot (6 - 2a) - 2a \cdot (3a + 4) =$

c) $u \cdot (2u + 1) - u \cdot (3u - 5) =$

d) $x \cdot (4x + 9) - 3x^2 =$

3 Berechne und führe die Probe mit den angegebenen Zahlen durch!

a) $(3x - 2) \cdot (6x + 5) =$ Probe: $x = 1$

b) $(u - 4v) \cdot (3u - 5v) =$ Probe: $u = 3$, $v = 2$

c) $(2x - 3y) \cdot (x + y) - (2x + 3y) \cdot (4x - y) =$ Probe: $x = 2$, $y = 3$

4 Berechne unter Verwendung der binomischen Formeln!

a) $(2a - b)^2 =$

b) $(x - 3y)^2 =$

c) $(z + 1)^2 =$

d) $(3a - 2b)^2 =$

e) $(2x + 3y)^2 =$

f) $\left(a + \frac{1}{2}\right)^2 =$

g) $(x + 1) \cdot (x - 1) =$

h) $(6u - 5v) \cdot (6u + 5v) =$

i) $(5x - 6y) \cdot (5x + 6y) =$

j) $(3a + 4b) \cdot (3a - 4b) =$

5 Was gehört zusammen?

$(2x-1)^2$	
$(2x+1)^2$	
$(2x-1)\cdot(2x+1)$	
$(1-2x)\cdot(1+2x)$	

A	$4x^2+1$
B	$4x^2+4x+1$
C	$4x^2-1$
D	$4x^2-4x+1$
E	$1-4x^2$
F	$4x^2-8x-1$

6 Richtig oder falsch? Stelle falsche Ergebnisse richtig und schreibe sie rechts an!

	richtig	falsch
$(x-y)^2 = x^2-8x-16$	☐	☐
$(3a-2b)^2 = 9a^2-12ab+4b^2$	☐	☐
$(2x+3y)^2 = 4x^2+6xy+9y^2$	☐	☐
$(x-5y)^2 = x^2-10xy+5y^2$	☐	☐
$(x-3y)^2 = x^2+9y^2$	☐	☐
$(8a+1)^2 = 64a^2+16a+1$	☐	☐

7 Berechne und führe die Probe mit dem TR für $x = 1$ und $y = 2$ durch!

a) $(5x+3y)^2-(x-2y)^2-5y^2 =$

b) $(x-4)^2-(x+4)^2 =$

c) $(x-3y)^2-(x+3y)^2+(x-2y)\cdot(2x+y) =$

d) $25x^2-9y^2+(2x-3y)^2+(4x-y)\cdot(4x+y)-(3x+2y)^2 =$

8 Berechne und führe die Probe mit dem TR für $x = -2$ durch! *Beachte für den TR*: $x = (-2)$!

$2x\cdot(-4x^2+3x-2)-5\cdot(4x-x^2-2x^3) =$

9 Berechne!

a) $(3a^2 - ab + 2b^2) \cdot (-4ab + b^2) =$

b) $(-5x^2 + 2xy + 3y^2) \cdot (-2xy - y^2) =$

10 Berechne und führe die Probe mit den TR für $x = 2$ und $y = 1$ durch!

a) $(x + 2y)^2 + 3 \cdot (x - 2y)^2 =$

b) $4 \cdot (x - 2y)^2 - 2 \cdot (2x - y)^2 =$

11 Berechne und führe die Probe mit den TR und für $x = 1$ und $y = 2$ durch!

a) $(x - y)^2 + (x + y)^2 + (x - y) \cdot (x + y) =$

b) $(2x + y)^2 - (x - 2y)^2 - 3 \cdot (x + y) \cdot (x - y) =$

Herausheben gemeinsamer Faktoren

Eine Summe oder eine Differenz kann durch Herausheben gemeinsamer Faktoren in ein Produkt umgeformt werden.

Das Heraushaben von gemeinsamen Faktoren wird auch als **Faktorisieren** bezeichnet.

Erinnere dich an das Verteilungsgesetz der Multiplikation.

$(a + b) \cdot c = a \cdot c + b \cdot c$

Wenn du es von rechts nach links liest, kannst du den **gemeinsamen Faktor c** herausheben.

$a \cdot \underline{c} + b \cdot \underline{c} = (a + b) \cdot \underline{c}$

Anmerkung:

Durch das **Herausheben** wird die **Struktur des Terms geändert.**
Aus einer Summe oder einer Differenz wird eine Multiplikation.

Beispiel: Forme durch Herausheben um!
Zerlege zunächst und unterstreiche den gemeinsamen Faktor!

a) $4x + 4y = \underline{4} \cdot x + \underline{4} \cdot y =$
$= 4 \cdot (x + y)$
Der gemeinsame Faktor ist 4.
Aus der Summe $4x + 4y$ wird das Produkt $4 \cdot (x + y)$.

b) $6a - 8ab = \underline{2} \cdot 3 \cdot \underline{a} - \underline{2} \cdot 4 \cdot \underline{a} \cdot b =$
$= 2a \cdot (3 - 4b)$
Die gemeinsamen Faktoren sind 2 und a, also $2 \cdot a$

c) $3a^2 + 2a = a \cdot (3a + 2)$
Der gemeinsame Faktor ist a.

d) $a^3 + a^2 + a = a \cdot (a^2 + a + 1)$
Beachte: $a = 1 \cdot a$

Beispiel: Zeige, dass $a - b = -(b - a)$ gilt!

$-(b - a) =$
Auflösen der Klammer
$= -b + a = a - b$
Es gilt daher: $a - b = -(b - a)$ bzw. $b - a = -(a - b)$

Beispiel: Hebe heraus und verwandle den Term in eine Produkt!

a) $3ax - 5by - 3bx + 5ay =$
Forme zunächst den Term um!
$= 3ax - 3bx + 5ay - 5by =$
Aus den ersten beiden Summanden kannst du 3x aus den beiden anderen 5y herausheben.
$= 3x \cdot (a - b) + 5y \cdot (a - b) =$
Als gemeinsamer Faktor tritt $(a - b)$ auf, hebe ihn heraus.
$= (a - b) \cdot (3x + 5y)$

b) $2ar - 3as - 2br + 3bs =$
Forme zunächst den Term um!
$= 2ar - 2br + 3bs - 3as =$
Hebe 2r bzw. 3s heraus!
$= 2r \cdot (a - b) + 3s \cdot (b - a) =$
Hebe aus $b - a$ den Faktor (-1) heraus!
$= 2r \cdot (a - b) + 3s \cdot (-1) \cdot (-b + a) =$
$= 2r \cdot (a - b) - 3s \cdot (a - b) =$
Gemeinsamer Faktor $(a - b)$, hebe ihn heraus.
$= (a - b) \cdot (2r - 3s)$

Herausheben

1 Gib die Termstruktur an!

	Summe	Differenz	Produkt
$2x - 4y$	☐	☐	☐
$4a \cdot 2b$	☐	☐	☐
$9x^2 + 2y^2$	☐	☐	☐
$4x^2 - y^2$	☐	☐	☐
$x + 3y$	☐	☐	☐
$5x^2 \cdot 7y^2$	☐	☐	☐

2 Welche Termstruktur liegt vor? Verwandle durch Herausheben in ein Produkt!

a) $4x - 8y$ b) $2x^2 + 6x$

c) $9a^2 - a^2b$ d) $7xy + 14x$

e) $5a^2 - 10a$ f) $9k^2 - 3k$

g) $x^3 - x^2$ h) $6a^4 + 2a^2$

3 Verbinde, was zusammengehört!

$6x^2y + 3xy^2$	$3x \cdot (2x + y)$
$6x + 3y$	$3x \cdot (2x + y^2)$
$6x^2 + 3xy$	$3 \cdot (2x + y)$
$6x^2 + 3xy^2$	$3xy \cdot (2x + y)$

4 Forme die gegebenen Terme durch Herausheben um!

a) $20rs - 5r =$ b) $x^2 + x =$

c) $a^2b - ab^2 =$ d) $25a^3 - 10a^2 + 5a =$

e) $(2x - y) \cdot (a + 2b) + (2x - y) \cdot (3a - b) =$

f) $3ax - 2by + 3bx - 2ay =$

5 Was ist falsch? Zeichne die Fehler an!

a) $5x^2 - 12x = x \cdot (5 - 12)$ b) $3k^3 - 3k^2 + 3k = 3k \cdot (k^2 - k)$

c) $a \cdot (x - y) - b \cdot (x - y) = (a - b) \cdot (x - y)$ d) $3a \cdot (x - 2) - 4b \cdot (2 - x) = (3a - 4b) \cdot (x - 2)$

e) $5x \cdot (a + 1) - 2y \cdot (1 + a) = (a + 1) \cdot (5x + 2y)$ f) $(a - 3b) \cdot 2y - (a - 3b) \cdot 5x = (a - 3b) \cdot (5x - 2y)$

Gleichungen

Was ist eine Gleichung?

Werden zwei Terme gleichgesetzt, so entsteht eine **Gleichung**.

$T_1(x) = T_2(x)$

linke Seite = rechte Seite

Beispiel: $3x + 5 = 2x - 1$

Gleichung lösen

Die **Gleichung lösen** bedeutet, dass du die **Zahl** für die Variable (Unbekannte) bestimmst, die die Gleichung zu einer **wahren Aussage** macht. Diese Zahl heißt **Lösung**.

Gleichungen mit derselben Lösung heißen **äquivalente Gleichungen**.

Um eine Gleichung zu lösen, formst du die gegebene Gleichung immer in eine einfachere äquivalente Gleichung um, bis du die Lösung erkennen kannst.
Solche Umformungen werden **Äquivalenzumformungen** genannt.

Äquivalenzumformungen:

Zur Vereinfachung einer Gleichung kannst du:

- ✓ zu beiden Seiten dieselbe Zahl addieren
- ✓ auf beiden Seiten dieselbe Zahl subtrahieren
- ✓ beide Seiten mit derselben Zahl ($\neq 0$) multiplizieren
- ✓ beide Seiten durch dieselbe Zahl ($\neq 0$) dividieren
- ✓ auf beiden Seiten dasselbe Vielfache der Variable addieren bzw. subtrahieren

Beispiel: Löse die Gleichung! Gib alle Umformungsschritte (Äquivalenzumformungen) an und führe die Probe durch!

$3x - 4 = 8$	$\vert +4$	3x steht nicht alleine auf einer Seite $\Rightarrow$ $+4$
$3x = 12$	$\vert :3$	x kommt als Vielfaches vor $\Rightarrow$ $:3$
$x = 4$		

Bei der **Probe** setzt du für die Unbekannte die gefundene Zahl in der Angabezeile sowohl auf der rechten als auch auf der linken Seite ein und überprüfst, ob eine wahre Aussage entsteht.

Probe: $3 \cdot 4 - 4 = 8$

$12 - 4 = 8$ w. A.

Beispiel: Löse die Gleichung! Gib alle Umformungsschritte (Äquivalenzumformungen) an und führe die Probe durch!

a) $4x - 5 = x + 4 \quad | -x$ — alle x auf eine Seite ⇒ $-x$
$3x - 5 = 4 \quad | +5$ — alle Zahlen auf die andere Seite ⇒ $+5$
$3x = 9 \quad | :3$ — x kommt als Vielfaches vor ⇒ $:3$
$x = 3$

Probe: $4 \cdot 3 - 5 = 3 + 4$
$12 - 5 = 7$
$7 = 7$ w. A.

b) $2x + 3 = 4x + 2 \quad | -4x$ — alle x auf eine Seite ⇒ $-4x$
$-2x + 3 = 2 \quad | -3$ — alle Zahlen auf die andere Seite ⇒ -3
$-2x = -1 \quad | :(-2)$ — x kommt als Vielfaches vor ⇒ $:(-2)$
$x = \frac{1}{2}$

Du hättest auch so rechnen können:
$2x + 3 = 4x + 2 \quad | -2x$
$+3 = 2x + 2 \quad | -2$
$1 = 2x \quad | :2$
$\frac{1}{2} = x$
$x = \frac{1}{2}$

Probe: $2 \cdot \frac{1}{2} + 3 = 4 \cdot \frac{1}{2} + 2$
$1 + 3 = 2 + 2$
$4 = 4$ w. A.

c) $5x - (4 - 3x) = 2x + 20$ — Auflösen der Klammer
$5x - 4 + 3x = 2x + 20$ — Zusammenfassen
$8x - 4 = 2x + 20 \quad | -2x$ — alle x auf eine Seite
$6x - 4 = 20 \quad | +4$ — alle Zahlen auf die andere Seite
$6x = 24 \quad | :6$ — x kommt als Vielfaches vor ⇒ $:6$
$x = 4$

Probe: $5 \cdot 4 - (4 - 3 \cdot 4) = 2 \cdot 4 + 20$
$20 - (4 - 12) = 8 + 20$
$20 - (-8) = 28$
$20 + 8 = 28$
$28 = 28$ w. A.

d) $(x - 3)^2 = (x - 5) \cdot (x + 1)$ — Ausrechnen
$x^2 - 6x + 9 = x^2 - 5x + x - 5$ — Zusammenfassen
$x^2 - 6x + 9 = x^2 - 4x - 5 \quad | -x^2$ — x^2 fällt weg
$-6x + 9 = -4x - 5 \quad | +4x$ — alle x auf eine Seite
$-2x + 9 = -5 \quad | -9$ — alle Zahlen auf die andere Seite
$-2x = -14 \quad | :(-2)$ — x kommt als Vielfaches vor ⇒ $:(-2)$
$x = 7$

Probe: $(7 - 3)^2 = (7 - 5) \cdot (7 + 1)$
$4^2 = 2 \cdot 8$
$16 = 16$ w. A.

Lösen von Gleichungen

1 Löse die Gleichung, gib alle Äquivalenzumformungen an und führe die Probe durch!

a) $7x - 5 = 16$ Probe:

b) $4x + 6 = 6x - 4$ Probe:

2 Schreibe die Äquivalenzumformungen an!

a)
$18x - 9 = 20x + 15$ | ____
$-2x - 9 = 15$ | ____
$-2x = 24$ | ____
$x = -12$

b)
$37 - 4x = 9x - 2$ | ____
$-4x = 9x - 39$ | ____
$-13x = -39$ | ____
$x = 3$

3 Ordne die richtige Lösung zu!

$2x - 9 = 5$	
$4x + 8 = 32$	
$x - \frac{1}{2} = 7\frac{1}{2}$	
$x : 3 = 3$	

A	5
B	6
C	7
D	8
E	9
F	10

4 Finde den Fehler und löse dann die Gleichung! Führe auch ein Probe durch!

a)
$x - 5 + x = 10x - 15 + 4x - 2$
$-5 = 14x - 17$

b)
$2x - (3x + 9) = 4 + (2x - 7)$
$2x - 3x + 9 = 4 + (2x - 7)$

5 Löse die Gleichung und führe die Probe durch!

a) $3x - (2 - x) = 18 - (2x + 2)$

b) $(2y - 3) - (3y - 1) = 2 + (y + 4)$

6 Löse die Gleichung und führe die Probe durch!

a) $(3a - 16) \cdot 2 = (5a - 2) - 14a$

Probe:

b) $(z - 1) \cdot (z + 1) = (z + 1)^2$

Probe:

c) $(2u + 1)^2 = (u - 3)^2 + 3u^2 + 2$

Probe:

7 Löse die Gleichung und führe die Probe durch!

a) $(4x - 7)^2 = (5x - 3)^2 - (3x + 4)^2$

b) $(y^2 + 3) - (y - 2)^2 = (3y + 2) \cdot (3y - 2) - (3y - 1)^2$

8 Löse die Gleichung und führe die Probe durch!

a) $4 \cdot (2y + 1)^2 + 9 \cdot (y - 3)^2 = (5y - 2)^2$

b) $(3x - 1) \cdot (3x + 1) + 13 = 5x^2 + 4 \cdot (x - 3)^2$

Textgleichungen

Textaufgaben lassen sich oft mit Hilfe von Gleichungen lösen. Dabei musst du den Text in die Sprache der Mathematik „übersetzen“.

Die folgende **Anleitung** soll dir bei der Bearbeitung der Aufgabe helfen.

1. Lies den Text genau durch und überlege, was gesucht ist!
2. Wähle für diese Größe (gesuchte Zahl) eine Variable!
3. Drücke alle im Text vorkommenden Größen mit Hilfe dieser Variablen aus!
4. Überlege dir, was du Gleichsetzen kannst! Stelle die entsprechende Gleichung auf!
5. Löse diese Ansatzgleichung!
6. Überprüfe, ob die Lösung der Gleichung zur gestellten Aufgabe passt!
7. Führe eine Probe mithilfe des Textes durch und schreibe eine Antwort.

Beispiel: Wird zu einer Zahl 7 addiert, so erhält man 15. Berechne die Zahl!

x … gesuchte Zahl — Wahl der Unbekannten

$x + 7 = 15 \quad | -7$ — Ansatzgleichung

$x = 8$

Probe: $8 + 7 = 15$ — Die Zahl lautet 8.

Beispiel: Der Umfang eines Rechtecks beträgt 36 cm. Die Länge ist das Doppelte der Breite. Berechne die Seitenlängen des Rechtecks!

x … Breite 2x … Länge — „die Länge ist das Doppelte (= Zweifache) der Breite“

$u = 2 \cdot (a + b)$ — Formel für den Umfang eines Rechtecks

$36 = 2 \cdot (2x + x) \quad | :2$ — Ansatz, Einsetzen in die Formel

$36 = 2 \cdot 3x$

$36 = 6x \quad | :6$

$6 = x$ — Breite: 6 cm Länge: 12 cm

Probe: $u = 2 \cdot (12 + 6)$

$u = 2 \cdot 18 = 36$ — Die Seitenlängen betragen 12 cm und 6 cm.

Umformen von Formeln

Beachte beim Umformen von Formeln die Regeln für das Umformen einer Gleichung!

Beispiel: Berechne aus der Formel für den Umfang eines Rechtecks die Seitenlänge a!

$u = 2 \cdot (a + b) \quad | :2$ — Formel für den Umfang

$\frac{u}{2} = a + b \quad | -b$ — a soll „alleine“ stehen

$\frac{u}{2} - b = a$

$a = \frac{u}{2} - b$

Beispiel: Berechne aus der Formel für den Flächeninhalt eines Trapezes (siehe Kapitel: Ebene Figuren) die Länge c!

$A = \frac{1}{2} \cdot (a+c) \cdot h$	$\mid \cdot 2$	Formel für den Flächeninhalt eines Trapezes
$2A = (a+c) \cdot h$	$\mid : h$	c soll „alleine" stehen
$\frac{2A}{h} = a+c$	$\mid - a$	
$\frac{2A}{h} - a = c$		
$c = \frac{2A}{h} - a$		

Beispiel: Forme die Formel $A = G \cdot \frac{p}{100}$ nach jeder der vorkommenden Größen um!

Formel für G:

$A = G \cdot \frac{p}{100}$ $\quad \mid \cdot 100$

$100A = G \cdot p$ $\quad \mid : p$

$\frac{100A}{p} = G$

$G = \frac{100A}{p}$

Formel für p:

$A = G \cdot \frac{p}{100}$ $\quad \mid \cdot 100$

$100A = G \cdot p$ $\quad \mid : G$

$\frac{100A}{G} = p$

$p = \frac{100A}{G}$

Textgleichungen, Umformen von Formeln

1 Berechne jeweils die Zahl!

a) Wird von einer Zahl 7 subtrahiert, so erhält man 15.

b) Das Dreifache einer Zahl vermindert um 6 ergibt 15.

2 Zerlege die Zahl 42 so in zwei Summanden, dass der erste Summand um 3 kleiner als das Vierfache des zweiten Summanden ist. Berechne die beiden Summanden!

3 Der Umfang eines Rechtecks beträgt 264 cm. Die Breite des Rechtecks ist die Hälfte der Länge. Berechne die Seitenlängen des Rechtecks!

4 In einem Dreieck ist der Winkel β um 15° kleiner als der Winkel α und der Winkel γ um 42° größer als der Winkel α. Berechne die Winkel des Dreiecks!

5 Die Länge eines Rechtecks ist um 8 cm länger als die Breite. Verkürzt man die Breite um 3 cm und lässt die Länge unverändert, so ist der Flächeninhalt des neuen Rechtecks um 48 cm² kleiner als der des ursprünglichen Rechtecks. Berechne die Länge und die Breite des ursprünglichen Rechtecks!

6 Finde zum gegebenen Text die richtige Gleichung! Kreuze an!

a) Wenn man zu einer Zahl das Doppelte addiert, so erhält man 60.

□ $x + 2x = 60$ □ $x + 2 = 60$ □ $2x = 60$

b) Wenn man vom Vierfachen einer Zahl die Hälfte der Zahl subtrahiert, so erhält man die um 15 vermehrte Zahl.

□ $4x - \frac{1}{2} = x + 15$ □ $4x - \frac{1}{2}x = x + 15$ □ $4x - 2x = x + 15$

7 Finde zum gegebenen Text die richtige Gleichung! Kreuze an!

Wenn man vom Quadrat einer Zahl die Hälfte der Zahl subtrahiert, so erhält man das um 5 vermehrte Produkt der Zahl und ihrem Vorgänger.

□ $x^2 - \frac{1}{2} = x \cdot (x - 1) + 5$ □ $x^2 - \frac{1}{2}x = (x^2 - 1) + 5$ □ $x^2 - \frac{1}{2}x = x \cdot (x - 1) + 5$

8 Wenn du zum Fünffachen einer Zahl 9 addierst und diese Summe durch 2 dividierst, so erhältst du 22. Wie heißt die Zahl?

9 Lukas erzählt seinem Freund Tobi von seiner letzten Wanderung. Er stellt ihm folgendes Rätsel: „Wir sind beim Parkplatz gestartet und haben 320 Höhenmeter zurückgelegt. Dann mussten wir 50 Höhenmeter bergab und noch 156 Höhenmeter bergauf gehen.
Unser Ziel, die Habichthütte, hat die $1\frac{1}{2}$-fache Meereshöhe des Parkplatzes. Was meinst du, auf welcher Höhe die Habichthütte liegt?"

10 Forme die Formeln so um, dass man die gesuchten Größen errechnen kann!

a) Geschwindigkeit: $v = \frac{s}{t}$ Gesucht: s, t

b) Hebelgesetz: $F_1 \cdot l_1 = F_2 \cdot l_2$ Gesucht: F_1, F_2, l_1, l_2

c) Volumen Quader: $V = a \cdot b \cdot c$ Gesucht: a, b, c

d) Oberfläche Prisma: $O = 2G + M$ Gesucht: G, M

Verhältnisse und Proportionen

Verhältnisse

Unter einem **Verhältnis** versteht man einen **Vergleich zweier Größen** in Form einer **Division**, wobei die vorkommenden Größen gleich benannt (in derselben Einheit) sein müssen.

Vergleiche zum Beispiel die Größe eines Habicht-Männchens, das 42 cm groß ist mit der Größe eines Sperlings mit der Größe von 14 cm. Du erkennst, dass sich die Größen wie 42 zu 14 verhalten. Du kannst dieses Verhältnis in Form einer Division schreiben und kürzen. Damit wird das Verhältnis durch einfache Zahlen ausgedrückt.

$$42:14 = \frac{42}{14} = \frac{42:14}{14:14} = \frac{3}{1} = 3:1$$

Die Größen verhalten sich also wie 3 : 1, oder das Habicht-Männchen ist 3-mal so groß wie der Sperling.

Allgemein schreibt man für das **Verhältnis zweier Zahlen** a und b:

$a : b$ (sprich: „a verhält sich zu b“ oder „a zu b“)

oder $a : b = \frac{a}{b}$ (sprich: „a zu b“ bzw. „a durch b“)

Der **Wert des Verhältnisses** $a : b = \frac{a}{b}$ wird mit k bezeichnet.

$a : b = \frac{a}{b} = k$ k heißt **Proportionalitätsfaktor**

Ein Verhältnis kann man beliebig **kürzen** (durch dieselbe Zahl $\neq 0$ dividieren) oder **erweitern** (mit derselbe Zahl $\neq 0$ multiplizieren), weil es nichts anderes als eine Division bzw. ein Bruch ist. Der Proportionalitätsfaktor k (Wert des Verhältnisses = Wert des Bruches) bleibt gleich.

Beispiel: Alex braucht für seinen Schulweg mit dem Fahrrad eine Viertelstunde. Bringt ihn sein Vater mit dem Auto zur Schule, so vergehen nur 5 Minuten. In welchem Verhältnis stehen die Fahrzeiten? In welchem Verhältnis stehen die Geschwindigkeiten?

15 min : 5 min — Vergleich der Fahrzeiten. Achte auf gleiche Einheiten!
3 : 1 — Man kann das Verhältnis kürzen und zwar durch 5.

Die Fahrzeiten verhalten sich wie 3 zu 1, d. h., Alex braucht mit dem Rad dreimal so lang. Die Geschwindigkeiten verhalten sich wie 1 : 3, der Vater ist mit dem Auto dreimal so schnell.

Beispiel: Vereinfache das Verhältnis und gib es mit möglichst kleinen ganzen Zahlen an!

a) 300 m : 1500 m
300 : 1500 | : 300
1 : 5

b) 7,5 t : 5 t
7,5 : 5 | · 10
75 : 50 | : 25
3 : 2

c) $\frac{7}{15} : \frac{3}{10}$ gleicher Nenner
$\frac{14}{30} : \frac{9}{30}$ | · 30
14 : 9

Verhältnisse

1 Vereinfache das Verhältnis und gib es mit möglichst kleinen natürlichen Zahlen an!

a) 100 : 50 b) 48 : 64 c) 15 : 3 d) 36 : 27

2 In welchem Verhältnis stehen die gegebenen Größen?

a) 5 km : 350 m b) 17,5 g : 20 g c) 4,5 ha : 150 a d) 1,5 t : 750 kg

e) $\frac{1}{2}$ h : 20 min f) $1\frac{1}{2}$ hl : 50 l g) $\frac{3}{4}$ kg : 500 g h) 0,8 km : 60 m

3 Zeichne 2 Strecken, deren Längen sich wie 3 : 4 verhalten. Gib zwei Möglichkeiten an, die der Angabe entsprechen!

4 In einer Schule gibt es 441 Schülerinnen und Schüler. In welchem Verhältnis steht die Anzahl der Burschen zur Anzahl der Mädchen, wenn 252 Mädchen die Schule besuchen?

5 Vergleich der Fläche von Österreich und einiger Nachbarstaaten:
Österreich 83 879 km², Schweiz 41 285 km², Deutschland 357 340 km², Italien 301 338 km².
Runde die Flächen auf Zehntausender und beantworte die folgenden Fragen:

In welchem Verhältnis stehen die Flächen

a) von Österreich und der Schweiz?
b) von Österreich und Deutschland?
c) von Italien und der Schweiz?

Berechne den Wert der Verhältnisse und beschreibe jeweils in einem Satz die Größenverhältnisse!

Österreich ist ________ -mal so ________ wie die Schweiz.

Deutschland ist ________ -mal so ________ wie Österreich.

Italien ist ________ -mal so ________ wie die Schweiz.

Teilungsrechnungen

Bei Teilungsrechnungen geht es um das Aufteilen eines Gesamtbetrags in einem bestimmten Verhältnis. Die Summe aller Teile ergibt wieder den Gesamtbetrag.

Beispiel: Drei Gemeinden errichten gemeinsam einen Schulneubau. Die Gesamtkosten in der Höhe von 32 500 000 € werden nach der Bevölkerungszahl im Verhältnis 4 : 3 : 6 aufgeteilt. Wie viel muss jede Gemeinde bezahlen? Schreibe in einer Tabelle an!

Berechnung eines Teiles: 32 500 000 : 13 = 2 500 000

Gemeinde	Teile	Beträge in €
A	4	2 500 000 · 4 = 10 000 000
B	3	2 500 000 · 3 = 7 500 000
C	6	2 500 000 · 6 = 15 000 000
Summe	13	32 500 000

Die Gemeinde A muss 10 Mill. €, die Gemeinde B 7,5 Mill. € und die Gemeinde C 15 Mill. € bezahlen.

Proportionen

Wenn man zwei Verhältnisse gleichsetzt, erhält man eine Gleichung der Form
$a : b = c : d$.
Diese Verhältnisgleichung wird als **Proportion** bezeichnet.

Du erinnerst dich sicher an den **Maßstab**. Auch beim Maßstab ergibt sich eine Proportion, wobei eine Zahl immer 1 ist.

Länge in der Zeichnung (im **P**lan) zur Länge in der Natur (in **W**irklichkeit) ist gleich 1 zur Maßstabszahl (**M**)

Formel: $P : W = 1 : M$

Beispiel: Berechne, welcher Länge in Wirklichkeit eine Länge von 3,5 cm in einem Plan mit dem Maßstab 1 : 10 000 entspricht!

$3{,}5 : x = 1 : 10\,000$ Aufstellen einer Verhältnisgleichung (Proportion)

3,5 → Plan; x → Wirklichkeit; 1 → Plan; 10 000 → Wirklichkeit

Du kannst die Proportion auch mit Brüchen anschreiben:

$$\frac{3{,}5}{x} = \frac{1}{10\,000} \qquad | \cdot 10\,000 \cdot x$$

$$3{,}5 \cdot 10\,000 = 1 \cdot x$$

$$x = 35\,000 \text{ cm} = 350 \text{ m}$$

Die Länge von 3,5 cm im Plan entspricht einer Länge von 350 m in Wirklichkeit.

Bezeichnungen bei einer Proportion

Innenglieder

$a : b = c : d$

Außenglieder

Lösen einer Proportion

$a : b = c : d \Rightarrow \frac{a}{b} = \frac{c}{d} \Rightarrow a \cdot d = b \cdot c$

Produkt der Innenglieder ist gleich dem Produkt der Außenglieder

Beispiel: Löse die Proportionen!

a) $12 : x = 3 : 5$ — Produkt der Innenglieder = Produkt der Außenglieder

$3 \cdot x = 12 \cdot 5$

$3 \cdot x = 60 \qquad | : 3$

$x = 20$

b) $7 : 4 = 21 : x$ — Produkt der Innenglieder = Produkt der Außenglieder

$21 \cdot 4 = 7 \cdot x$

$84 = 7x \qquad | : 7$

$x = 12$

Direkte und indirekte Proportionalität

Im Supermarkt: 1 kg Äpfel kostet 1,20 € 2 kg Äpfel kosten 2 · 1,20 € = 2,40 € 3 kg Äpfel kosten 3 · 1,20 € = 3,60 € … x kg Äpfel kosten x · 1,20 € = 1,20 · x €	Für eine Arbeit braucht ein Arbeiter 36 Stunden: 1 Arbeiter braucht 36 Stunden 2 Arbeiter brauchen 36 : 2 = 18 Stunden 3 Arbeiter brauchen 36 : 3 = 12 Stunden … x Arbeiter brauchen $36 : x = \frac{36}{x}$ Stunden
Für die 2-, 3-, 4-fache Warenmenge ist das Zwei-, Drei-, Vierfache zu bezahlen. „Je mehr …, desto mehr …“ „Je weniger …, desto weniger …“ direkte Proportionalität	Die 2-, 3-, 4-fache Anzahl Arbeiter benötigt die Hälfte, ein Drittel, ein Viertel der Zeit. „Je mehr …, desto weniger …“ „Je weniger …, desto mehr …“ indirekte Proportionalität
Setzt man für den Preis die Variable y, für die Anzahl der kg x und für den Preis pro kg die Konstante k ein, so erhält man die Gleichung: $y = k \cdot x$ z. B. $y = 1{,}20 \cdot x$	Setzt man für die Gesamtarbeitszeit den konstanten Faktor k, für die Anzahl der Arbeiter die Variable x und für die Arbeitszeit in Stunden y ein, so erhält man die Gleichung: $k = x \cdot y$ oder $y = \frac{36}{x}$ z. B. $y = \frac{36}{x}$

Direkt proportionale Größen

Die Größe y ist zur Größe x direkt proportional, wenn gilt: $y = k \cdot x$ oder $\frac{y}{x} = k$

Der **Quotient** direkt proportionaler Größen ist **konstant**.
Die **konstante Zahl** (Größe) k heißt **Proportionalitätsfaktor**.

Indirekt proportionale Größen

Die Größe y ist zur Größe x indirekt proportional, wenn gilt: $y = \frac{k}{x}$ oder $x \cdot y = k$

Das **Produkt** indirekt proportionaler Größen ist **konstant**.

Graphische Darstellung von direkt und indirekt proportionalen Größen

direkte Proportionalität

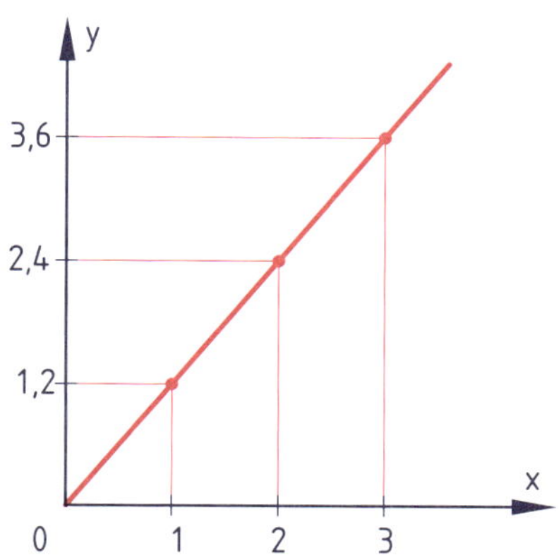

graphische Darstellung ... Strahl

$y = k \cdot x$

indirekte Proportionalität

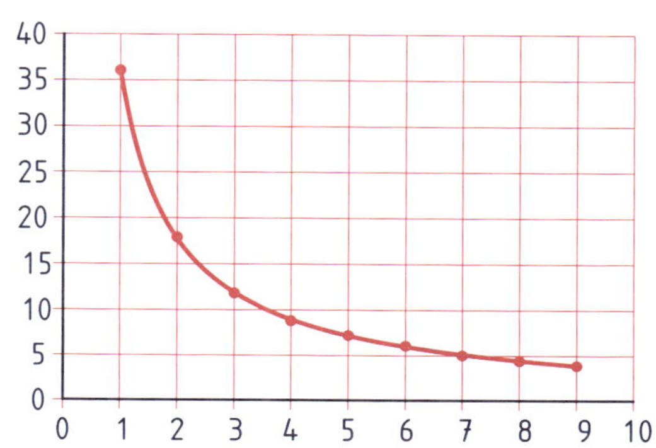

graphische Darstellung ... (fallende) Kurve

$y = \frac{k}{x}$

Schlussrechnungen mit Hilfe von Proportionen

Beispiel: Drei DVDs kosten 5,97 €. Wie viel kosten acht DVDs?

1. Bestimme das Verhältnis:
   Je mehr Kassetten, desto mehr muss man bezahlen ⇒ direktes Verhältnis!
2. Für die Berechnung ist es günstig, eine Tabelle aufzustellen:

Anzahl der DVDs	Preis in €
↓ 3	5,97 ↓
8	x

8 Kassetten kosten mehr als 3 Kassetten.
Kennzeichne das direkte Verhältnis in der Tabelle durch gleich gerichtete Pfeile.

3. Die Verhältnisgleichung ist direkt aus der Tabelle ablesbar.

$3 : 8 = 5{,}97 : x$ — Setze die Proportion den Pfeilen folgend an!

$3 \cdot x = 8 \cdot 5{,}97$ — Produkt der Außenglieder = Produkt der Innenglieder

$x = \frac{8 \cdot 5{,}97}{3}$

$x = 15{,}92$

Acht DVDs kosten 15,92 €.

Beispiel: Ein Güterwaggon wird von 2 Arbeitern in 10 Stunden entladen. Wie lange brauchen 5 Arbeiter?

1. Bestimme das Verhältnis:
Je mehr Arbeiter, desto weniger Zeit wird gebraucht $\Rightarrow$ indirektes Verhältnis!

2. Tabelle:

Anzahl der Arbeiter	Zeit in h
↓ 2	10 ↑
5	x

Mehr Arbeiter brauchen für dieselbe Arbeit weniger Zeit. Kennzeichne das indirekte Verhältnis in der Tabelle durch entgegengesetzte Pfeile.

3. Die Rechnung ist direkt aus der Tabelle ablesbar.

$2 : 5 = x : 10$ Setze die Proportion den Pfeilen folgend an!
$5 \cdot x = 2 \cdot 10$ Produkt der Innenglieder = Produkt der Außenglieder
$5x = 20 \quad | : 5$
$x = 4$

5 Arbeiter brauchen 4 Stunden.

Fortlaufende Proportionen

Du kennst fortlaufende Proportionen schon von den Teilungsaufgaben.

Wenn in zwei Proportionen dieselbe Zahl auftritt, dann kannst du die beiden Proportionen durch eine **fortlaufende Proportion** ersetzen.

Wenn sich zum Beispiel in einem Dreieck die Seiten a : b wie 3 zu 4 und die Seiten b zu c wie 4 zu 5 verhalten, kann man einfacher schreiben:

$a : b = 3 : 4$
$b : c = 4 : 5 \qquad \Rightarrow a : b : c = 3 : 4 : 5$

Beispiel: Der Umfang eines dreieckigen Grundstücks beträgt 240 m. Man weiß, dass sich die Seitenlängen wie 3 : 4 : 5 verhalten. Welche Ausmaße hat das Grundstück?

$a : b : c = 3 : 4 : 5$ Verhältnis der Seitenlängen

Wenn du die Seite a in 3 gleiche Teile teilst, dann muss die Seite b in 4 solche Teile und die Seite c in 5 solche Teile geteilt sein. Bezeichne einen solchen Teil mit t. Es gilt dann:

$a = 3 \cdot t$
$b = 4 \cdot t$
$c = 5 \cdot t$
$u = a + b + c$ Formel für den Umfang
$u = 3t + 4t + 5t = 12t$ Einsetzen
$240 = 12t \quad | : 12$
$t = 20$ Ein Teil hat die Länge von 20 m.
$a = 3 \cdot 20 = 60$
$b = 4 \cdot 20 = 80$
$c = 5 \cdot 20 = 100$

Die Seitenlängen des Grundstücks betragen 60 m, 80 m und 100 m.

Proportionen

1 Löse die folgenden Proportionen!

a) $4 : 3 = a : 90$ b) $x : 3 = 12 : 9$ c) $10 : 4 = r : 6$ d) $x : 4{,}5 = 5 : 3$

e) $5{,}4 : y = 0{,}9 : 1{,}5$ f) $z : \frac{3}{10} = \frac{2}{3} : \frac{1}{5}$ g) $(x+1) : x = 3 : 2$ h) $a : 5 = (a-2) : 4$

2 Auf einer Landkarte misst Mathias die Strecke Wien Mitte – St. Pölten (Luftlinie) mit 33 mm. Er weiß, dass die Strecke in Wirklichkeit 66 km lang ist. Welchen Maßstab hat die Karte?

3 Corinna ist eine begeisterte Wanderin. Sie misst auf einer Wanderkarte im Maßstab 1 : 50 000 die Strecke (Luftlinie) von der Sparbacher Hütte zum Kaiserstein im Gebiete des Schneebergs (höchster Berg in Niederösterreich) mit 43 mm ab. Wie lange ist die Strecke in Wirklichkeit?

4 Eine Erbschaft von 84 000 € wird auf 3 Personen A, B und C im Verhältnis 2 : 2 : 3 aufgeteilt. Wie viel € bekommt jeder Erbe?

5 Die Reparatur eines Hauses kostet 19 500 €. Der Betrag ist von den drei Hausparteien aufzubringen, und zwar im Verhältnis ihrer Wohnungsgrößen. Die Partei A bewohnt 140 m^2, die Partei B 100 m^2 und die Wohnung der Partei C ist 60 m^2 groß. Wie viel muss jede Partei bezahlen? Berechne zunächst das Verhältnis der Wohnungsgrößen mit möglichst einfachen Zahlen!

6 Die zwei Gemeinden Taldorf und Kaiserstetten errichten gemeinsam eine Kläranlage. Aufgrund der Bevölkerungszahl wird beschlossen, die Kosten im Verhältnis 3 : 4 aufzuteilen. Die größerer Gemeinde Kaiserstetten übernimmt einen Finanzierungsanteil von 2 840 000 €. Wie viel muss die Gemeinde Taldorf bezahlen und wie viel kostet die Errichtung der Kläranlage insgesamt?

7 Der Umfang eines Vierecks ABCD ist 475 mm. Die Seitenlängen verhalten sich wie $a : b : c : d = 7 : 5 : 4 : 3$. Berechne die Länge der einzelnen Seiten!

8 24 mit Waren gefüllte Kartons haben ein Gewicht von 180 kg. Wie viel wiegen 50 Kartons?

9 Zum Belegen von 15 m² Fläche werden 240 Fliesen benötigt. Wie viele Fliesen braucht man mindestens für
a) den Boden eines Schwimmbades: rechteckige Fläche von 8,5 m Länge und 4 m Breite
b) eine Terrasse: rechteckige Fläche von 6,4 m Länge und 3,5 m Breite?

10 Ein Radfahrer fährt mit 12 km pro Stunde und erreicht sein Ziel in 24 Minuten. Mit welcher Geschwindigkeit muss er fahren, damit er sein Ziel in 18 Minuten erreicht?

11 Ein Verkehrsflugzeug, das mit einer Geschwindigkeit von 800 km/h unterwegs ist, legt die Strecke Wien – Lissabon in $3\frac{1}{2}$ Stunden zurück. Wie lange braucht ein anderes Flugzeug für dieselbe Strecke, wenn es mit 900 km/h fliegt? Runde auf Minuten!

12 In einem Quader verhalten sich Länge zu Breite zu Höhe wie 5 : 3 : 8. Die Summe aller Kantenlängen beträgt 448 cm. Berechne die Länge, die Breite und die Höhe!

13 Kupferoxid besteht aus Kupfer und Sauerstoff in einem Massenverhältnis von 4 : 1.
a) Wie viel g Kupfer und wie viel g Sauerstoff sind in 630 g Kupferoxid enthalten?
b) Wie viel g Sauerstoff verbinden sich mit 236 g Kupfer zu Kupferoxid?
c) Wie viel g Kupfer verbinden sich mit 137 g Sauerstoff zu Kupferoxid?

14 Frau Sommer fährt mit ihrem Auto von Graz über Liezen nach Salzburg. Für die 280 km lange Strecke braucht sie 4 Stunden. Mit welcher mittleren Geschwindigkeit müsste sie fahren, um bereits nach $3\frac{1}{2}$ Stunden in Salzburg anzukommen?

15 Im Ölhafen Lobau (Wien) wird ein voll beladener Öltanker von 6 Pumpen in 18 Stunden leergepumpt. Wie lange dauert das Entleeren des Tankers, wenn 15 derartige Pumpen eingesetzt werden?

16 Nach dem Schulschlussfest müssen der Schulhof und der Festsaal aufgeräumt werden. 8 Schülerinnen und Schüler brauchen für die Arbeit 3,5 Stunden. Wie viele Schülerinnen und Schüler müssten zusätzlich helfen, damit die Arbeit in 2 Stunden erledigt wird?

Prozent- und Zinsenrechnung

Prozentrechnung

1 % (1 Prozent) eines Ganzen ist $\frac{1}{100}$ (ein Hundertstel) des Ganzen.

In der Prozentrechnung verwendet man die **Vergleichszahl 100.**

Erinnere dich an die Begriffe:

Grundwert G ... Gesamtheit (= Ganzes, entspricht 100 %)
Prozentanteil A ... Anteil (= Anzahl) am Ganzen
Prozentsatz p ... gibt an, wie viel Prozent vom Grundwert der Prozentanteil ausmacht.

Für die Berechnung des Prozentanteils gilt die

Formel: $A = G \cdot \frac{p}{100}$

Beispiel: Ein Mountainbike kostet 639 €. Da der Käufer ein Stammkunde ist, erhält er 15 % Rabatt. Berechne den Rabatt! Wie viel muss der Käufer bezahlen?

1. Berechne den **Rabatt**!

Der Grundwert G beträgt 639 €,
100 % entsprechen 639 €.
Der Preisnachlass beträgt 15 %,
d. h., der Prozentsatz p =15 %.

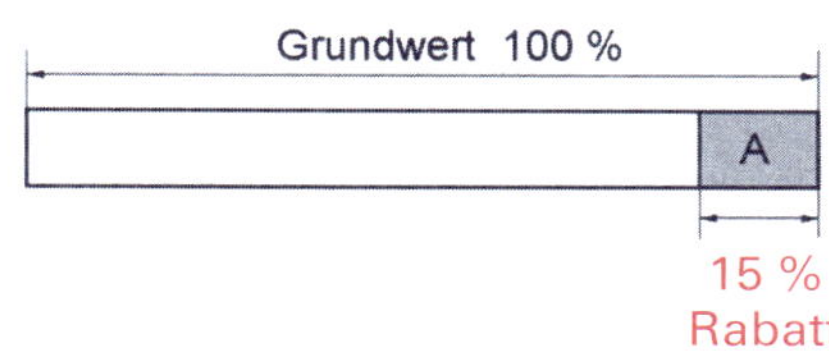

Du kannst den Anteil A auf 2 Arten berechnen:

1. Art: Schlussrechnung

Prozent	Euro
100 %	639 €
15 %	x €
1 %	$\frac{639}{100}$
15 %	$\frac{639}{100} \cdot 15$

$x = \frac{639}{100} \cdot 15 = 639 \cdot \frac{15}{100}$

$x = 95{,}85$ €

2. Art: Einsetzen in die Formel

$A = G \cdot \frac{p}{100}$ Berechnung des Prozentanteil A

$A = 639 \cdot \frac{15}{100}$ Beachte: $\frac{15}{100} = 0{,}15$

$A = 95{,}85$ € Preisnachlass

2. Berechne den **Kaufpreis**!

$639 - 95{,}85 = 543{,}15$

Der Käufer muss 543,15 € bezahlen.

Du kannst in diesem Beispiel auch den zu bezahlenden Preis direkt berechnen.
Da der Preisnachlass 15 % beträgt, braucht man nur

$$100\ \% - 15\ \% = 85\ \%$$

vom ursprünglichen Kaufpreis bezahlen.

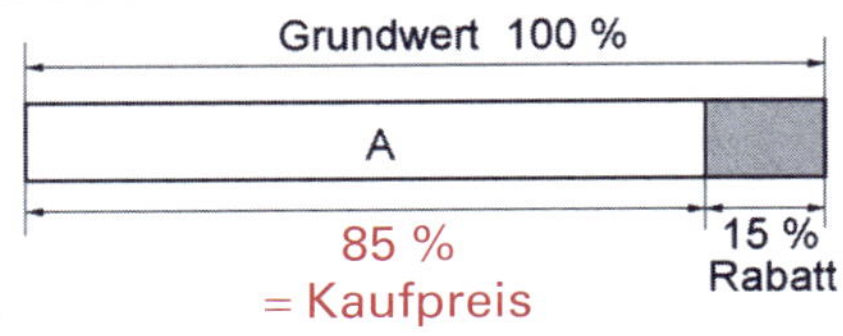

$A = G \cdot \frac{p}{100}$ Berechne den Prozentanteil A

$A = 639 \cdot \frac{85}{100}$

$A = 543{,}15$ € Der Käufer muss 543,15 € bezahlen.

Bei jedem Kauf (bei Waren, aber auch bei Dienstleistungen) muss man **Mehrwertsteuer (MWSt.)** bezahlen.

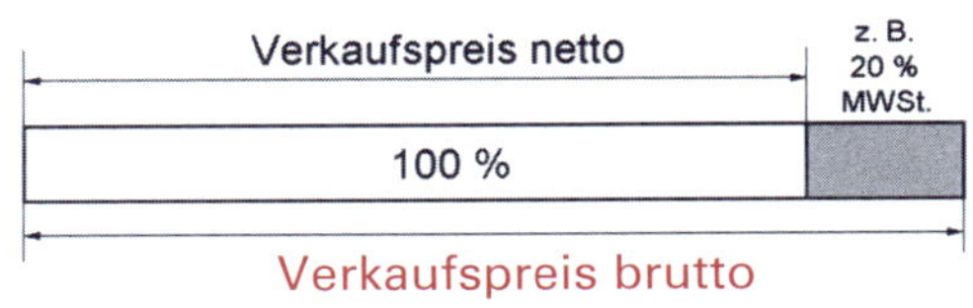

Beispiel: Berechne den Verkaufspreis mit 20% MWSt. (= Bruttoverkaufspreis)!

$A = G \cdot \frac{p}{100}$ MWSt. = 20 % d. h., man muss 100 % + 20 % bezahlen: $p = \frac{120}{100} = 1{,}2$

$VP = G \cdot 1{,}2$ VP ... Bruttoverkaufspreis

a) Elektroherd 515 €
$VP = 515 \cdot 1{,}2 = 618$ €

b) Fernsehservice 85 €
$VP = 85 \cdot 1{,}2 = 102$ €

c) Friseur 28 €
$VP = 28 \cdot 1{,}2 = 33{,}60$ €

Beim Kauf eines Autos ist eine **Normverbrauchsabgabe (NoVA)** zu bezahlen.

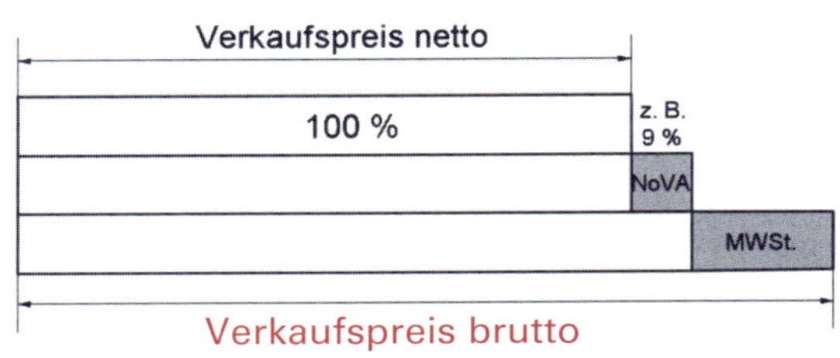

Beispiel: Ein PKW der Marke „Sportblitz" kostet netto 18 565 €. Wie viel muss ein Käufer bezahlen, wenn 8 % NoVA und 20 % MWSt. zu bezahlen sind?

$A = G \cdot \frac{p}{100}$ NoVA = 8 % d. h., man muss 100 % + 8 % bezahlen: $p = \frac{108}{100} = 1{,}08$

Durch die NoVA wird der Preis auf das 1,08-fache erhöht.

Nettopreis + NoVA = $G \cdot 1{,}08$ Dazu kommt noch die MWSt. von 20 % d. h., mal 1,2.

$VP = G \cdot 1{,}08 \cdot 1{,}2$

$VP = 18\,565 \cdot 1{,}08 \cdot 1{,}2$

$VP = 24\,060{,}24$ € Der Käufer muss rund 24 060 € bezahlen.

Zusammenfassung

Verminderung um p %

Wenn du den Grundwert G = 100 % um p % verminderst, musst du G mit $\left(1 - \frac{p}{100}\right)$ multiplizieren.

Beispiele:

vermindern um 15 % ⇒ Multiplikation mit $\left(1 - \frac{15}{100}\right) = 1 - 0{,}15 = 0{,}85$

VP = Preis N – 15 % Rabatt ⇒ $VP = N \cdot 0{,}85$

Vermehrung um p %

Wenn du den Grundwert G = 100 % um p % vermehrst, musst du G mit $\left(1+\frac{p}{100}\right)$ multiplizieren.

Beispiele:

vermehren um 20 % $\Rightarrow$ Multiplikation mit $\left(1+\frac{20}{100}\right)=1+0,20=1,20$

VP = Nettopreis N + 20 % MWSt. $\Rightarrow$ VP = N · 1,2

Berechnung des Prozentsatzes

Beispiel: Berechne, wie viel Prozent 210 € von 4 200 € sind!

1. Art: mit Hilfe einer Schlussrechnung

Euro	Prozent
4 200	100
210	x
1	$\frac{100}{4200}$
210	$\frac{100}{4200}\cdot 210$

$x=\frac{100}{4200}\cdot 210=\frac{100\cdot 210}{4200}=\frac{210}{42}=5$ 210 € sind 5 % von 4 200 €.

2. Art: mit Hilfe der Formel

$A=G\cdot\frac{p}{100} \quad | \cdot 100$ Beachte: G = 4 200, A = 210

$100\cdot A=G\cdot p$

$p=\frac{100\cdot A}{G}$

$p=\frac{100\cdot 210}{4200}=5$ 210 € sind 5 % von 4 200 €.

Berechnung des Grundwerts

Beispiel: Herr Mayer kauft ein neues Smartphone und erhält 3 % Skonto. Wie viel hat das Smartphone ursprünglich gekostet, wenn Herr Mayer 213,40 € bezahlt?

1. Art: mit Hilfe einer Schlussrechnung

Prozent	Euro
97	213,40
100	x
1	$\frac{213,40}{97}$
100	$\frac{213,40}{97}\cdot 100$

3 % Skonto bedeutet:
Herr Mayer bezahlt 100 % – 3 % = 97 %

$x=\frac{213,40}{97}\cdot 100=220$ Der ursprüngliche Preis war 220 €.

2. Art: mit Hilfe der Formel

$A = G \cdot \frac{p}{100} \quad | \cdot 100$ Beachte: $A = 213{,}40$, $p = 97$

$100 \cdot A = G \cdot p$

$G = \frac{100 \cdot A}{p}$

$G = \frac{100 \cdot 213{,}40}{97} = 220$ Der ursprüngliche Preis war 220 €.

Promillerechnung

1 ‰ (1 Promille) eines Ganzen ist $\frac{1}{1000}$ (ein Tausendstel) des Ganzen.

In der Promillerechnung verwendet man die **Vergleichszahl 1 000.**

Beachte: 1 % = 10 ‰ bzw. 1 ‰ = 0,1 %

Grundwert G ... Gesamtheit (= Ganzes, entspricht 1 000 ‰)
Promilleanteil A ... Anteil (= Anzahl) am Ganzen
Promillesatz p_m ... gibt an, wie viel Promille vom Grundwert der Promilleanteil ausmacht.

Für die Berechnung des Promilleanteils gilt die

Formel: $A = G \cdot \frac{p_m}{1000}$

Beispiel: Familie Schmidt hat ein Einfamilienhaus zum Preis von 350 000 € gekauft und schließt nun eine Haushaltsversicherung ab, deren Höhe vom Wert des Hauses abhängt. Die Versicherungsgesellschaft verrechnet als jährliche Versicherungsprämie 1,8 ‰ des Hauspreises. Wie viel muss Fam. Schmidt bezahlen?

$A = G \cdot \frac{p_m}{1000}$ mit $G = 350\,000$ €, $p_m = 1{,}8$ ‰

$A = 350\,000 \cdot \frac{1{,}8}{1000}$

$A = 630$ € Die jährliche Versicherungsprämie beträgt 630 €.

Beispiel: Eine andere Versicherungsgesellschaft verrechnet Fam. Schmidt für das Haus eine jährliche Versicherungsprämie von 595 €. Wie viel Promille von der Versicherungssumme sind das?

$A = G \cdot \frac{p_m}{1000} \quad | \cdot 1\,000$

$1000 \cdot A = G \cdot p_m \quad | : G$

$p_m = \frac{1000 \cdot A}{G}$ mit $G = 350\,000$ €, $A = 595$ €

$p_m = \frac{1000 \cdot 595}{350\,000} = 1{,}7$ Diese Versicherungsgesellschaft verrechnet 1,7 ‰.

Prozentrechnung

1 Berechne!

a) 15 % von 480 hl b) 25 % von 8,8 t c) 30 % von 150 m d) 14 % von 200 kg

2 Berechne!

a) 3,5 % von 70 € b) 120 % von 96 € c) 105 % von 250 € d) 1,5 % von 300 €

3 Für einen Computer muss Herr Maus 560 € bezahlen. Da er auch noch einen Monitor um 172 € kauft, erhält er 8 % Rabatt. Wie viel muss Herr Maus insgesamt bezahlen?

4 Eine Wohnung wird neu vermietet. Wie viel muss der neue Mieter bezahlen, wenn die ursprüngliche Miete 450 € ausgemacht hat und der Vermieter die Miete um 15 % erhöht?

5 Beim Geographie-Test erreicht Anna 34 von 48 möglichen Punkten. Wie viel Prozent der Höchstpunktezahl hat sie erreicht?

6 Herr Sowa bekommt eine Gehaltserhöhung von 185 € und verdient nun 1 790 €. Wie viel Prozent Gehaltserhöhung hat er bekommen?

7 Familie Feinkost verbraucht pro Monat rund 675 € für Nahrungsmittel, das sind 35 % vom Familieneinkommen. Berechne das Einkommen von Familie Feinkost!

Prozentrechnung und Promillerechnung

1 Berechne den ursprünglichen Preis!

Ware	Preisnachlass	Ausverkaufspreis
Hose	12 %	98,56 €
T-Shirt	35 %	15,99 €
Schuhe	15 %	69,70 €

2 Die Einwohnerzahl eines Ortes hat im letzten Jahr um 4,5 % abgenommen und beträgt heute 1 910 Einwohner. Wie viele Einwohner hatte der Ort im Vorjahr?

3 Ein PKW der Marke „Family" kostet netto 21 240 €. Wie viel muss ein Käufer bezahlen, wenn 7 % NoVA und 20 % MWSt. zu bezahlen sind?

4 Claudia kauft eine Stereoanlage. Der Nettopreis beträgt 125 €. Da sie sofort bezahlt, erhält sie 5% Preisnachlass (Skonto). Wie viel muss Claudia inklusive 20 % Mehrwertsteuer bezahlen? (Beachte: Das Skonto wird zuerst vom Warenwert abgezogen, dann kommt die MWSt. dazu!)

5 Für eine Feuerversicherung muss eine Versicherungsprämie von 2,4 ‰ für einen Versicherungswert von 275 000 € bezahlt werden. Wie hoch ist die Prämie?

6 Im Jahr 2000 betrug die Erdbevölkerung rund 6 Milliarden Menschen. 10 Jahre später lebten bereits rund 1 Milliarde Menschen mehr auf der Erde. Um wie viel Prozent nahm die Bevölkerung zu?

Zinsenrechnung

Die Berechnung der Jahreszinsen ist eine Prozentrechnung mit folgenden Bezeichnungen:

Grundwert (100 %)		Prozentsatz		Prozentanteil	
800 €	erbringen bei	1,5 %	in einem Jahr	12 €	Zinsen.
Kapital K		Zinssatz p		Zinsen Z	

Für die Berechnung der Zinsen Z gilt die Formel: $Z = K \cdot \frac{p}{100}$

Von den Zinsen auf Sparbüchern müssen 25 % **Kapitalertragssteuer (KESt)** bezahlt werden. Man erhält daher nur 75 % (100 % minus 25 % KESt) der Zinsen ausbezahlt. Das kann man bei der Berechnung der Zinsen sofort berücksichtigen.

Um die **effektiven Zinsen** zu errechnen, wirst du gleich die folgende Formel verwenden:

Formel: $Z = K \cdot \frac{p_{eff}}{100}$ mit $p_{eff} = p \cdot 0{,}75$

Beispiel: Lisa hat ein Jahr lang ein Guthaben von 1 580 € auf ihrem Sparbuch, das mit 1,8 % verzinst wird. Berechne

a) den effektiven Zinssatz;

b) die effektiven Zinsen nach einem Jahr

c) das Guthaben K_1 nach einem Jahr!

$K = 1\,580$ €

$p = 1{,}8$ %

a) $p_{eff} = p \cdot 0{,}75$

$p_{eff} = 1{,}8 \cdot 0{,}75$

$p_{eff} = 1{,}35$ %

b) $Z = K \cdot \frac{p_{eff}}{100}$

$Z = 1580 \cdot \frac{1{,}35}{100}$

$Z = 21{,}33$ €

c) $K_1 = 1\,580 + 21{,}33$

$K_1 = 1\,601{,}33$ €

Nach einem Jahr beträgt das Guthaben 1 601,33 €.

Zinsen für Teile eines Jahres

Wenn Geld nur einen Teil des Jahres auf einem Sparbuch liegt, werden die Zinsen nur für diese Zeit berechnet.

Beachte, dass im Bankwesen ein Monat mit 30 Tagen und ein Jahr mit 360 Tagen festgelegt wird.

Zinsen für m Monate: $Z = K \cdot \frac{p}{100} \cdot \frac{m}{12}$

Zinsen für d Tage: $Z = K \cdot \frac{p}{100} \cdot \frac{d}{360}$

Der **Zinssatz p** bezieht sich immer auf **ein Jahr**!

Beispiel: Familie Huber hat ein Darlehen von 8 500 € aufgenommen. Dieser Betrag wird nach 9 Monaten mit 8,5 % Zinsen zurückbezahlt. Wie hoch ist die Rückzahlungssumme?

$K = 8\,500$ €

$p = 8{,}5\,\%$

Berechnung der Zinsen:

$Z = K \cdot \frac{p}{100} \cdot \frac{m}{12}$

$Z = 8\,500 \cdot \frac{8{,}5}{100} \cdot \frac{9}{12}$

$Z = 541{,}875 = 541{,}88$ €

Rückzahlungssumme:

$8\,500 + 541{,}88 = 9\,041{,}88$ €

Familie Huber muss 9 041,88 € zurückzahlen.

Zinseszinsrechnung

Beispiel: Claudias Mutter legt am Anfang des Jahres 2 000 € auf ein Sparbuch, das mit 1,5 % verzinst wird. Wie hoch ist das Guthaben nach 3 Jahren, wenn sie während der Zeit nichts vom Sparbuch abhebt?

Für die Berechnung der Zinsen verwende die Formel: $Z = K \cdot \frac{p_{eff}}{100}$

Der effektive Zinssatz beträgt: $p_{eff} = 1{,}5 \cdot 0{,}75 = 1{,}125\,\%$

Für das Guthaben (Kapital) K_1 nach einem Jahr gilt dann:

$K_1 = K_0 + Z$ — K_0 ... Anfangskapital

$K_1 = K_0 + K_0 \cdot \frac{p_{eff}}{100}$ — Herausheben von K_0

$K_1 = K_0 \cdot \left(1 + \frac{p_{eff}}{100}\right)$

$K_1 = K_0 \cdot \left(1 + \frac{1{,}125}{100}\right) = K_0 \cdot 1{,}01125$

Zeitraum	Guthaben (Kapital)	Zinsen
Einzahlung	2 000 €	0 €
nach 1 Jahr	$2\,000$ € $\cdot\, 1{,}01125 =$ 2 022,50 €	22,50 €
nach 2 Jahren*	$2\,022{,}50$ € $\cdot\, 1{,}01125 =$ 2 045,25 €	45,25 €
nach 3 Jahren	$2\,045{,}25$ € $\cdot\, 1{,}01125 =$ 2 068,26 €	68,26 €

* *Beachte*: Nach einem Jahr ist das Guthaben auf 2 022,50 € angewachsen. Das nun zu verzinsende Kapital beträgt daher 2 022,50 €. Es werden die Zinsen des 1. Jahres mitverzinst. Man spricht daher von **Zinseszinsen**.

Nach 3 Jahren beträgt das Guthaben 2 068,26 €.

Du hättest auch so rechnen können:

nach einem Jahr: $K_1 = K_0 \cdot \left(1 + \frac{p_{eff}}{100}\right)$

nach zwei Jahren: $K_2 = K_1 \cdot \left(1 + \frac{p_{eff}}{100}\right) = K_0 \cdot \left(1 + \frac{p_{eff}}{100}\right) \cdot \left(1 + \frac{p_{eff}}{100}\right) = K_0 \cdot \left(1 + \frac{p_{eff}}{100}\right)^2$

nach drei Jahren: $K_3 = K_2 \cdot \left(1 + \frac{p_{eff}}{100}\right) = K_0 \cdot \left(1 + \frac{p_{eff}}{100}\right)^2 \cdot \left(1 + \frac{p_{eff}}{100}\right) = K_0 \cdot \left(1 + \frac{p_{eff}}{100}\right)^3$

...

nach n Jahren: $K_n = K_0 \cdot \left(1 + \frac{p_{eff}}{100}\right)^n$

Für den Faktor $1+\frac{p_{eff}}{100}$ wird in der Mathematik häufig q geschrieben.

$q=1+\frac{p_{eff}}{100}$ ... q wird als **Aufzinsungsfaktor** bezeichnet.

Für die Berechnung der **Zinseszinsen** gilt folgende

Formel: $K_n = K_0 \cdot \left(1+\frac{p_{eff}}{100}\right)^n = K_0 \cdot q^n$

Wachstums- und Abnahmeprozesse

Wachstumsprozess: z. B.: Wachstum eines Waldes um 3 % jährlich
Im 1. Jahr wächst der Wald um 3 %, im 2. Jahr der um 3 % größere Wald wieder um 3 %, usw.

Abnahmeprozess: z. B.: Abnahme der Bevölkerung eines Ortes um 2 % jährlich
Im 1. Jahr nimmt die Bevölkerung um 2 % ab, im 2. Jahr die um 2 % verringerte Bevölkerung wieder um 2 %, usw.

Bei Wachstums- bzw. Abnahmeprozessen verändert sich der **Anfangswert A** in einer Zeiteinheit um einen festen Prozentsatz.
Der **Endwert E** nach **n Zeiteinheiten** (n Jahren) wird nach der

Zinseszinsformel errechnet: $E = A \cdot q^n$ q heißt **Wachstumsfaktor**

Beispiele:
Zunahme (Wachstum) einer Waldfläche um jährlich 3 % $\Rightarrow$ Wachstumsfaktor $q = 1{,}03$
Abnahme der Bevölkerung einer Stadt um jährlich 2 % $\Rightarrow$ Wachstumsfaktor $q = 0{,}98$

Beispiel: Nach einer Schätzung wird die Bevölkerung Wiens in den nächsten Jahren um rund 0,9% jährlich wachsen. Zu Beginn des Jahres 2015 hatte Wien 1,794 Mill. Einwohner. Wie viele Einwohner wird Wien in 10 Jahren haben?

Berechnung des Wachstumsfaktors q:

$q=1+\frac{p}{100}$

$q=1+\frac{0{,}9}{100}=1{,}009$

Berechnung der Einwohnerzahl in n = 10 Jahren

$E = A \cdot q^n$

$E = 1{,}794 \cdot 1{,}009^{10} = 1{,}9621.. = 1{,}962$

Im Jahre 2025 wird Wien rund 1,962 Millionen Einwohner haben.

Beispiel: In einem Krankenhaus werden einem Patienten 5 mg eines bestimmten Medikaments verabreicht. Vom Körper werden pro Tag 25 % des Medikaments abgebaut. Wie viel g sind nach 2 bzw. nach 5 Tagen noch vorhanden?

$q=1-\frac{p}{100}$ Da es sich um eine Abnahme handelt, muss $q < 1$ sein.

$q=1-\frac{25}{100}=0{,}75$ $E = A \cdot q^n$

$E_2 = 5 \cdot 0{,}75^2 = 2{,}81..$ $E_5 = 5 \cdot 0{,}75^5 = 1{,}186..$

$E_2 = 2{,}81$ mg $E_5 = 1{,}19$ mg

Nach 2 Tagen sind noch 2,81 mg, nach 5 Tagen 1,19 mg des Medikaments vorhanden.

Zinsenrechnung

1 Medina legt einen Betrag von 425 € auf ein Sparbuch. Dieses Kapital wird mit $p = 0{,}8\ \%$ verzinst. Berechne, wie viel € Medina nach genau einem Jahr zur Verfügung hat!

2 Manuel hat ein Jahr lang auf seinem Sparbuch ein Guthaben von 2 885 €, das mit 1,2 %. verzinst wird. Berechne
a) den effektiven Zinssatz;
b) die effektiven Zinsen nach einem Jahr und
c) das Guthaben K_1 nach einem Jahr!

3 Herr Maier nimmt einen Kredit von 3 000 € auf. An Kreditzinsen werden 6,5 % festgelegt. Welche Summe muss Herr Maier nach einem Jahr zurückzahlen?

4 Familie Bauer hat ein Darlehen von 9 500 € aufgenommen. Dieser Betrag wird nach 8 Monaten mit 7,5 % Zinsen zurückgezahlt. Wie hoch ist die Rückzahlungssumme?

5 Viktorias Mutter hat einen Kredit aufgenommen. Der Zinssatz beträgt 5 %. Nach 150 Tagen zahlt sie den Kredit mit 180 € Zinsen zurück. Wie hoch war der Kredit?

6 Eine Firma muss eine Rechnung von 16 800 € bezahlen. Da sie erst nach 216 Tagen bezahlt, erhöht sich der Betrag auf 17 657 €, weil Verzugszinsen berechnet werden. Wie viel Prozent wurden an Verzugszinsen verrechnet?

7 Herr Brunner hat auf seinem Sparbuch ein Guthaben von 8 000 €, das zu $p = 1{,}2\ \%$ verzinst wird. Er möchte das Guthaben seiner Tochter Kathrin, die heute 13 Jahre ist, zum 20. Geburtstag schenken. Mit welchem Betrag kann Kathrin rechnen?

8 Ein Waldbesitzer hat eine Waldfläche von 12 ha. Er weiß aus Erfahrung, dass der nutzbare Holzbestand von 500 m^3 pro ha jährlich um ca. 2,5 % zunimmt. Mit wie vielen m^3 Holzbestand kann er nach 4 Jahren rechnen?

9 In einem Dorf im Waldviertel an der tschechischen Grenze wohnen 1 250 Personen. Die Bevölkerung nimmt allerdings jährlich um 1,5 % ab. Wie viele Personen werden in 8 Jahren in diesem Dorf wohnen?

Statistik

Häufigkeiten

In einer statistischen Erhebung wird die Anzahl von Werten als Häufigkeit bezeichnet. Man unterscheidet drei verschiedene Häufigkeiten:

- *Absolute Häufigkeit h:* Hier werden die gleichen Werte abgezählt.
  z. Bsp.: 5 „Einser" bei der letzten Schularbeit
- *Relative Häufigkeit r:* Den Wert für die relative Häufigkeit erhält man, wenn man die absolute Häufigkeit durch die Gesamtzahl dividiert.
  z. Bsp.: Von den 25 Schülerinnen und Schülern haben fünf die Note „Sehr gut".
  Die relative Häufigkeit der „Einser" ist daher: $\frac{5}{25} = 0,2$.
- *Prozentuelle Häufigkeit p:* Hier wird die relative Häufigkeit in Prozent ausgedrückt.
  z. B.: $\frac{5}{25} = 0,2 = 0,20 = 20\,\%$
  Die prozentuelle Häufigkeit der „Einser" bei der letzten Schularbeit ist 20 %.

Kontingenztafeln (Kreuztabellen)

In einer Kontingenztafel werden die Häufigkeiten von Objekten (Ereignissen) nach zwei Merkmalen in einer Tabelle angegeben.

Beispiel: Beim letzten Fußballspiel der beiden beliebtesten Mannschaften im Bezirk, FC Neudorf und Kickers, waren insgesamt 4 562 Zuschauer anwesend. Die Redakteure der lokalen Tageszeitung befragten beim Eintritt die Zuschauer und veröffentlichten am nächsten Tag folgende Statistik, wobei angenommen wurde, dass jeder Zuschauer ein Fan einer Mannschaft war.
„Es waren 2 238 Fans von FC Neudorf anwesend, davon 785 Frauen. Von den restlichen Fans waren 1 564 Männer Anhänger der Kickers."

Erstelle eine Kontingenztafel und beantworte die Fragen:

a) Wie viele Männer bzw. wie viel Frauen waren beim Match anwesend?
b) Wie viel Frauen bzw. wie viel Männer sind Anhänger vom FC Neudorf?
c) Wie viel Frauen bzw. wie viel Männer sind Anhänger der Kickers?

Kontingenztafel:

Zuschauer	Männer	Frauen	Summe
FC Neudorf	1 453 (1)	785	2 238
Kickers	1 564	760 (4)	2 324 (5)
Summe	3 017 (2)	1 545 (3)	4 562

(1) 2 238 − 785 = 1 453
(2) 1 453 + 1 564 = 3 017
(3) 4 562 − 3 017 = 1 545
(4) 1 545 − 785 = 760
(5) 1 564 + 760 = 2 324

a) Es waren 3 017 Männer bzw. 1 545 Frauen anwesend.
b) 785 Frauen und 1 453 Männer sind Anhänger von FC Neudorf.
c) 760 Frauen und 1 564 Männer sind Anhänger der Kickers.

Mittelwert (arithmetisches Mittel)

Für die Berechnung des Mittelwerts $\bar{x}$ gilt die Formel: **Mittelwert** $= \frac{\text{Summe der Einzelwerte}}{\text{Anzahl der Einzelwerte}}$

z. Bsp.: Der Mittelwert (Notendurchschnitt) bei einer Schularbeit ist 2,35.

Klasseneinteilung

Bei einem großen Stichprobenumfang ist es nicht sinnvoll, Einzelwerte zu betrachten. Man fasst die Werte in Gruppen zusammen, die man **Klassen** nennt. Für die Berechnungen verwendet man die **Klassenmitten**, dabei müssen die Häufigkeiten in den einzelnen Klassen berücksichtigt werden.

Beispiel: In einer Schule unterrichten 40 Lehrerinnen und Lehrer.
In der folgenden Tabelle ist ihr Alter angegeben.

24	37	33	52	44	27	25	46
58	62	63	51	42	42	39	24
28	47	32	34	57	55	59	48
43	57	34	32	28	38	40	43
38	27	24	21	38	54	49	36

Führe eine Klasseneinteilung durch! Wähle als Klassenbreite 5 Jahre, beginne bei 21 Jahren. Bestimme die Klassenmitte und berechne die absolute, die relative und die prozentuelle Häufigkeit! Berechne mit Hilfe der Klassenmitten das Durchschnittsalter!

Klasseneinteilung:

	Klasse	Klassenmitte	h	r	p
1	21 – 25	23	5	$\frac{5}{40} = 0{,}125$	12,5 %
2	26 – 30	28	4	$\frac{4}{40} = 0{,}1$	10 %
3	31 – 35	33	5	$\frac{5}{40} = 0{,}125$	12,5 %
4	36 – 40	38	7	$\frac{7}{40} = 0{,}175$	17,5 %
5	41 – 45	43	5	$\frac{5}{40} = 0{,}125$	12,5 %
6	46 – 50	48	4	$\frac{4}{40} = 0{,}1$	10 %
7	51 – 55	53	4	$\frac{4}{40} = 0{,}1$	10 %
8	56 – 60	58	4	$\frac{4}{40} = 0{,}1$	10 %
9	61 – 65	63	2	$\frac{2}{40} = 0{,}05$	5 %
	Summe		40	$\frac{40}{40} = 1$	100%

Berechnung des Durchschnittsalters

Verwende dazu die Klassenmitte und die absoluten Häufigkeiten!

Beachte: In der 1. Klasse ist die Klassenmitte 23, die absolute Häufigkeit 5.
23 muss also 5-mal berücksichtigt werden.

Mittelwert $\bar{x} = \frac{23 \cdot 5 + 28 \cdot 4 + 33 \cdot 5 + 38 \cdot 7 + 43 \cdot 5 + 48 \cdot 4 + 53 \cdot 4 + 58 \cdot 4 + 63 \cdot 2}{40} = \frac{1635}{40} = 40{,}875$

Der Durchschnittsalter beträgt rund 41 Jahre.

Statistik

1 Bei einer Umfrage in der 3a-Klasse wurde untersucht, wie die Schülerinnen und Schüler zur Schule kommen. Die Daten sind in folgender Tabelle zusammengefasst:

	Anzahl
zu Fuß	12
Fahrrad	4
Auto	3
Bus	6
Gesamt	25

a) Berechne die relative und die prozentuelle Häufigkeit!

b) Stelle die relativen Häufigkeiten in einem Balkendiagramm, die prozentuellen Häufigkeiten in einem Prozentkreis dar!

2 Bei der letzten Englischschularbeit gab es folgende Noten:

Note	Anzahl
1	3
2	8
3	6
4	6
5	2

a) Berechne die relative und die prozentuelle Häufigkeit!

b) Berechne den Notendurchschnitt!

c) Stelle die relativen Häufigkeiten in einem Säulendiagramm, die prozentuellen Häufigkeiten in einem Prozentkreis dar!

3 Beim Tanken werden folgende Verbrauchswerte für 100 km festgestellt:

8,3 l 9,1 l 7,9 l 9,2 l 7,5 l 8,1 l 9,3 l 10,2 l 8,8 l

a) Berechne den mittleren Verbrauch!

b) Berechne die Spannweite (= Differenz zwischen niedrigsten und höchsten Verbrauch)!

c) Stelle die Werte in einem Säulendiagramm dar und trage den Mittelwert als horizontale Linie ein!

4 Bei der schulärztlichen Untersuchung der 3. Klassen wird festgestellt, dass von den 65 Mädchen 12 eine Brille tragen. Von 68 Buben haben 53 keine Brille. Stelle diesen Sachverhalt in einer Kontingenztafel dar. Wie viele Schülerinnen und Schüler der 3. Klassen tragen eine Brille?

5 Bei der schulärztlichen Untersuchung der dritten Klassen einer Schule werden von den Burschen folgende Körpergrößen (in cm) festgestellt.

168	158	175	162	168	170	162	178	176	159
173	179	168	173	160	153	171	159	182	175
161	165	175	182	174	162	153	178	163	172
166	178	152	175	174	165	169	174	168	160
156	178	179	161	175	158	160	179	183	171

a) Führe eine Klasseneinteilung der Ergebnisse durch!
Beginne mit 150 bis 154 cm und setze mit gleich breiten Klassen fort!

b) Berechne die absolute, relative und prozentuelle Häufigkeit!

c) Berechne die durchschnittliche Größe der Schüler!

Das Koordinatensystem

Beispiel: Zeichne das Dreieck ABC [A(1|1), B(4|1), C(3|4)] und spiegle es an der y-Achse. Gib die Koordinaten der gespiegelten Punkte an!

Um die Koordinaten der gespiegelten Punkte angeben zu können, muss man die Koordinatenachsen nach links bzw. nach unten über den Ursprung hinaus verlängern.

Die Einheiten auf der nach links verlängerten x-Achse bzw. auf der nach unten verlängerten y-Achse werden mit negativen Zahlen angegeben.

Vergleiche mit der Zahlengeraden zur Darstellung von negativen Zahlen.

$\Rightarrow$ A_1 (–1|1), B_1(–4|1), C_1(–3|4)

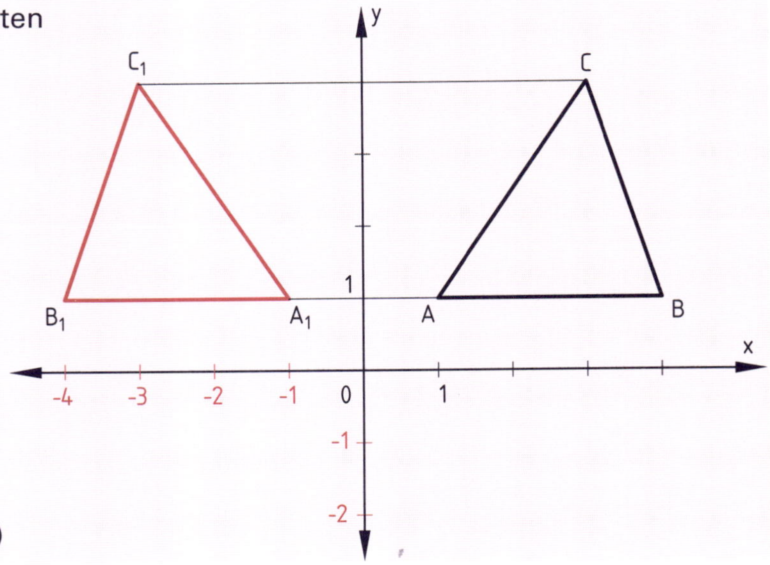

Das **rechtwinklige Koordinatensystem** besteht aus **zwei** aufeinander normal stehenden Zahlengeraden, die man als **Koordinatenachsen** bezeichnet.
Der **Schnittpunkt** dieser Achsen wird als **Ursprung** (Nullpunkt) des Koordinatensystems bezeichnet.
Jeder Punkt im Koordinatensystem ist durch die **x-Koordinate** (das ist der Abstand auf der x-Achse) und durch eine **y-Koordinate** (das ist der Abstand auf der y-Achse) festgelegt.
Man schreibt: P(x|y)

Beispiel: Zeichne die Punkte A(–2|1), B(4|–2), C(3|2), D(–3|–2) E(–3/0), F(0/–1)!

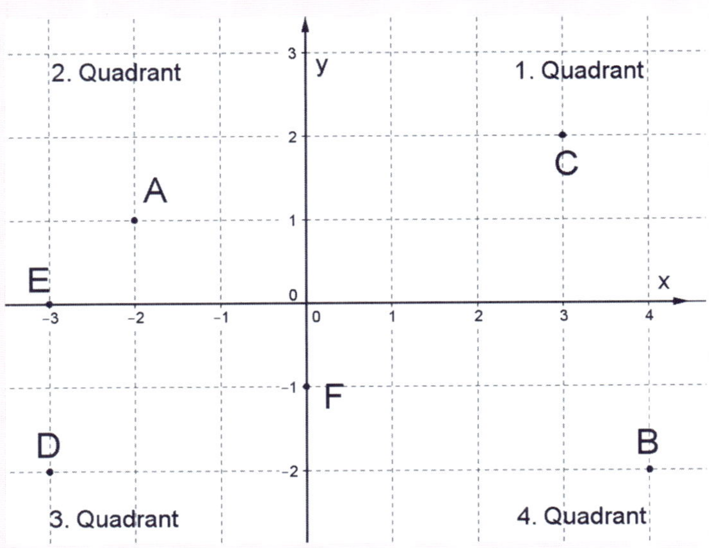

Durch die Koordinatenachsen wird die Zeichenebene in 4 Viertel geteilt. Diese heißen **Quadranten**

C: 1. Quadrant (x > 0, y > 0)
A: 2. Quadrant (x < 0, y > 0)
D: 3. Quadrant (x < 0, y < 0)
B: 4. Quadrant (x > 0, y < 0)

E liegt auf der x-Achse
F liegt auf der y-Achse

Das rechtwinklige Koordinatensystem

1 Zeichne die Punkte in ein Koordinatensystem: A (–2|1), B (4|–2), C (–1|–4), D (4|2), E (–4|0). In welchem Quadranten bzw. auf welcher Achse liegen die Punkte?

2 Konstruiere das Dreieck ABC [A (4|–4), B (6|7), C (2|1)]. Spiegle es an der Geraden g, die durch die Punkte P (–3|–2) und Q (4|5) verläuft und gib die Koordinaten der gespiegelten Punkte an!

3 Konstruiere das Dreieck ABC [A (–7|1), B (3|–9), C (3|3)] und den Umkreismittelpunkt U. Gib seine Koordinaten an!
(*Beachte*: Der Umkreismittelpunkt ist der Schnittpunkt der Seitensymmetralen. Eine Seitensymmetrale geht durch den Halbierungspunkt der Seite und steht auf diese normal.)

4 Konstruiere das Dreieck ABC [A (–6|–2), B (2|–3), C (1|2)] und den Schwerpunkt S. Gib seine Koordinaten an!
(*Beachte*: Der Schwerpunkt ist der Schnittpunkt der Schwerlinien. Eine Schwerlinie geht durch den Halbierungspunkt der Seite und durch den gegenüberliegenden Eckpunkt.)

5 Konstruiere das Dreieck ABC [A (–8|–1), B (7|–6), C (4|5)] und den Höhenschnittpunkt H. Gib seine Koordinaten an!
(*Beachte*: Der Höhenschnittpunkt ist der Schnittpunkt der Höhen. Eine Höhe steht normal auf die Seite und geht durch den gegenüberliegenden Eckpunkt.)

6 Zeichne den Kreis k mit dem Mittelpunkt M(2|–1) und dem Radius r = 4 cm. Ermittle die Schnittpunkte S_1 und S_2 des Kreises mit der y-Achse. Lege in S_1 und S_2 Tangenten an den Kreis, schneide sie und bestimme den Schnittpunkt T dieser Tangenten!

7 Um die Entfernung zweier unzugänglicher Punkte X und Y im Gelände zu ermitteln, wird eine Standlinie $\overline{AB} = 700$ m bestimmt. Von A und B werden folgende Winkel gemessen:

$\measuredangle YAB = 118°$, $\measuredangle XAB = 26°$, $\measuredangle ABY = 31°$ und $\measuredangle ABX = 121°$.

Zeichne einen Plan im Maßstab 1 : 10 000 in einem Koordinatensystem. A soll im Ursprung liegen und B auf der positiven x-Achse. Bestimme die Koordinaten von X und Y und gib ihre Entfernung in Wirklichkeit an!

Ebene Figuren

Tipp: Wiederhole die Eigenschaften von ebenen Figuren aus der 2. Klasse!

Umfang und Flächeninhalt von Rechteck und Quadrat

Rechteck

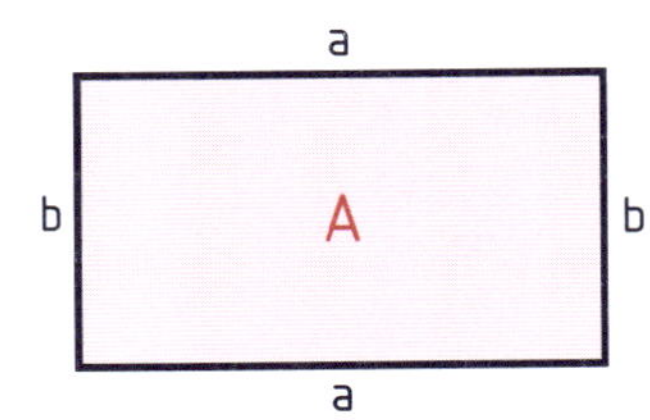

$u = 2 \cdot a + 2 \cdot b$ $\quad A = a \cdot b$
$u = 2 \cdot (a + b)$

Beispiel: Von einem Grundstück kennt man die Länge $a = 48{,}8$ m und die Breite $b = 25{,}4$ m. Berechne a) den Flächeninhalt und b) die Kosten für einen Zaun, wenn man für 1 m Zaunlänge 13,50 € bezahlen muss!

a) $A = a \cdot b$ Formel
$A = 48{,}8 \cdot 25{,}4$ Einsetzen, Berechnen
$A = 1\,239{,}52\ m^2 \approx 1\,240\ m^2$ Runden
$A = 1\,240\ m^2$

b) $u = 2 \cdot (a + b)$
$u = 2 \cdot (48{,}8 + 25{,}4)$
$u = 148{,}4$ m
Preis: $148{,}4 \cdot 13{,}50 = 2\,003{,}40$ €

Beispiel: Ein rechteckiger Acker (Länge $a_1 = 103{,}4$ m, Breite $b_1 = 28{,}5$) soll gegen einen flächengleichen Acker mit der Breite $b_2 = 57$ m eingetauscht werden. Welche Länge muss dieser Acker haben?

Flächeninhalt des ersten Ackers:
$A_1 = 103{,}4 \cdot 28{,}5$
$A_1 = 2\,946{,}9\ m^2$

Länge des zweiten Ackers aus dem Flächeninhalt:
$A_2 = a_2 \cdot b_2 \quad | : b_2$ Umformen
$\frac{A_2}{b_2} = a_2$ Einsetzen!
$\frac{2\,946{,}9}{57} = a_2$ Beachte: $A_2 = A_1$
$a_2 = 51{,}7$ m

Quadrat

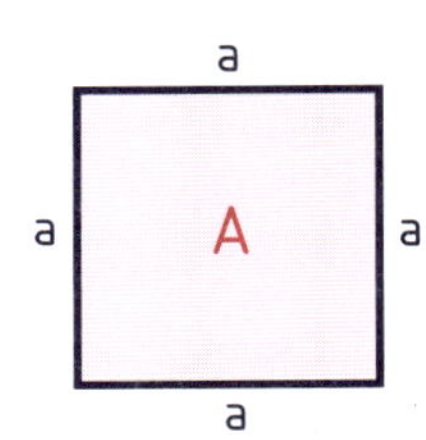

$u = 4 \cdot a$ $\quad A = a \cdot a$
$u = 4a$ $\quad A = a^2$

Beispiel: Eine quadratische Tischplatte hat 0,74 m Seitenlänge. Wie groß ist ihr Flächeninhalt?

$A = a^2$ Formel
$A = 0{,}74^2$ Einsetzen
$A = 0{,}5476$ Berechnung mit dem Taschenrechner
$A = 0{,}55\ m^2$

Die Tischplatte hat einen Flächeninhalt von rund $0{,}55\ m^2$.

Beispiel: Wie lange ist die Quadratseite, wenn man den Flächeninhalt $A = 64\ cm^2$ kennt?

$A = a^2$	Formel
$64 = a^2$	Du suchst eine Zahl, deren Quadrat 64 ist.
$a = 8\ cm$	Das ist 8, denn $8 \cdot 8 = 64$.

Die gesuchte Quadratseite ist 8 cm lang.

Du hast hier die Umkehroperation zum Quadrieren verwendet, das **Quadratwurzelziehen**.
Man schreibt: $\sqrt{64} = 8$

Bezeichnungen:

Wurzelzeichen
$\sqrt{64} = 8$
Radikand
Wert der Quadratwurzel

Quadratwurzel
Die Zahl b heißt Quadratwurzel (kurz Wurzel) einer Zahl a, wenn $b^2 = a$ ist.
Beachte: a und b dürfen keine negativen Zahlen sein.

Nicht immer ist es einfach möglich, den Wert der Wurzel durch Probieren zu bekommen.
Du kannst die Wurzel auch mit Hilfe des Taschenrechners berechnen.
Du verwendest folgende Taste (schau in der Betriebsanleitung deines TR nach)

[$\sqrt{\ }$] oder [$\sqrt{x}$]

Beispiel: Berechne mit dem Taschenrechner!

a) $\sqrt{81}$ Tastenfolge: [$\sqrt{\ }$] 81 [=]

Anzeige: $\sqrt{81}$ 9 *Beachte*: $9^2 = 81$

b) $\sqrt{100}$ Anzeige: 10 *Beachte*: $10^2 = 100$

c) $\sqrt{12}$ Nicht immer ist die Wurzel eine ganze Zahl. Dein Taschenrechner zeigt mehrere Dezimalstellen an.
Du musst daher sinnvoll runden.

$\sqrt{12} = 3{,}46410.. = 3{,}4641$ auf 4 Dezimalstellen gerundet

Beispiel: Berechne mit dem Taschenrechner! Runde auf 2 Dezimalstellen!

a) $\sqrt{155} = 12{,}449.. = 12{,}45$

b) $\sqrt{0{,}5} = 0{,}707.. = 0{,}71$

c) $\sqrt{2} = 1{,}414.. = 1{,}41$

d) $\sqrt{3} = 1{,}732.. = 1{,}73$

Rechteck und Quadrat

1 Ein 100-Euro-Schein hat ein Länge von 147 mm und eine Breite von 82 mm. Welchen Flächeninhalt kann man mit 100-Euro-Scheinen im Wert von 1 Million bedecken?

2 Ein rechteckiger Acker (Länge $a_1 = 289{,}5$ m, Breite $b_1 = 48{,}4$ m) soll gegen einen flächengleichen Acker mit der Breite $b_2 = 104$ m eingetauscht werden. Welche Länge muss der Acker haben?

3 Berechne den Flächeninhalt und den Umfang des Grundstücks (Maße in m)!

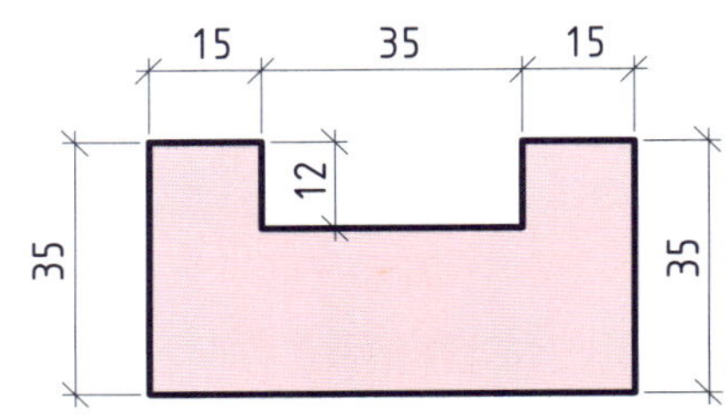

4 Berechne den Flächeninhalt eines Quadrats mit der Umfangslänge u = 13,6 m!

5 Berechne!

a) $\sqrt{4\,096} =$ b) $\sqrt{542{,}89} =$ c) $\sqrt{0{,}3364} =$ d) $\sqrt{2{,}0736} =$

6 Berechne und runde auf 2 Dezimalstellen!

a) $\sqrt{500} =$ b) $\sqrt{30} =$ c) $\sqrt{5{,}78} =$ d) $\sqrt{20{,}5} =$

7 Ein quadratischer Tisch hat eine Fläche von 90,25 dm². Welche Ausmaße hat der Tisch?

Das rechtwinklige Dreieck

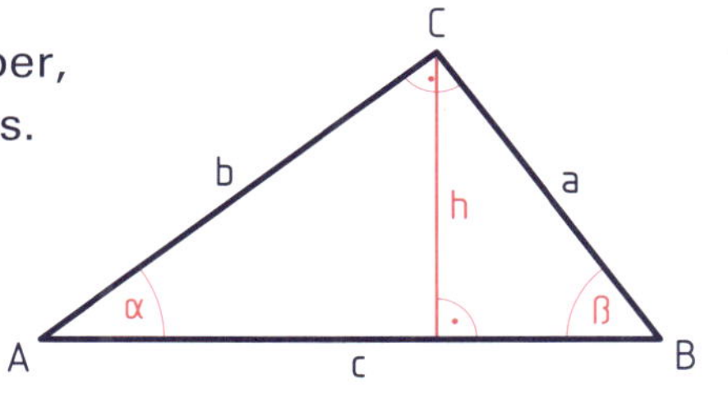

c …… Hypotenuse
Die Hypotenuse liegt dem rechten Winkel gegenüber, sie ist die längste Seite des rechtwinkligen Dreiecks.

a, b … Katheten
Die Katheten schließen den rechten Winkel ein.

h …… Höhe im rechtwinkligen Dreieck
(Höhe auf die Hypotenuse)

$u = a + b + c$ $\quad A = \frac{1}{2} \cdot a \cdot b = \frac{a \cdot b}{2}$

Der pythagoreische Lehrsatz

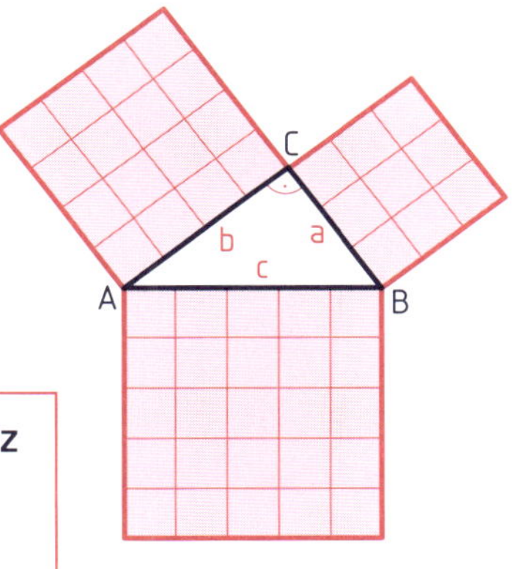

a^2	+	b^2	=	c^2
Quadrat der Kathete a (1. Kathete)		Quadrat der Kathete b (2. Kathete)		Quadrat der Hypotenuse c

Im rechtwinkligen Dreieck gilt der **pythagoreische Lehrsatz**

$$a^2 + b^2 = c^2$$

Summe der Kathetenquadrate = Hypotenusenquadrat

Beispiel: Von einem rechtwinkligen Dreieck ABC ($\gamma = 90°$) kennt man die Länge der beiden Katheten a = 36 mm und b = 48 mm. Berechne die Länge der Hypotenuse c!

$a^2 + b^2 = c^2$ — Formel
$36^2 + 48^2 = c^2$ — Einsetzen der Kathetenlängen
$1\,296 + 2\,304 = c^2$
$3\,600 = c^2$ — Um c zu erhalten, musst du die Wurzel ziehen
$c = \sqrt{3\,600} = 60$

Die Länge der Hypotenuse beträgt 60 mm.

Beispiel: Von einem rechtwinkligen Dreieck ABC ($\gamma = 90°$) kennt man die Länge der Kathete a = 12,5 cm und der Hypotenuse c = 32,5 cm. Berechne den Umfang und den Flächeninhalt!

$a^2 + b^2 = c^2 \quad | -a^2$ — Um die Länge der fehlenden Kathete b zu berechnen, musst du den pythagoreischen Lehrsatz umformen.
$b^2 = c^2 - a^2$
$b^2 = 32{,}5^2 - 12{,}5^2$
$b^2 = 1\,056{,}25 - 156{,}25$
$b^2 = 900 \quad | \sqrt{\ }$ — Wurzelziehen
$b = 30$

$u = a + b + c$	$A = \frac{1}{2} \cdot a \cdot b$	Formeln
$u = 12{,}5 + 30 + 32{,}5$	$A = \frac{1}{2} \cdot 12{,}5 \cdot 30$	Einsetzen
$u = 75$ cm	$A = 187{,}5\ cm^2$	

Pythagoreischer Lehrsatz

1 Von einem rechtwinkligen Dreieck ABC ($\gamma = 90°$) kennt man die Länge der beiden Katheten a und b. Berechne die Länge der Hypotenuse c!

a) $a = 10{,}8$ cm $b = 14{,}4$ cm
b) $a = 80$ mm $b = 192$ mm
c) $a = 26{,}1$ dm $b = 34{,}8$ dm
d) $a = 75$ mm $b = 180$ mm

2 Von einem rechtwinkligen Dreieck ABC ($\gamma = 90°$) kennt man die Länge der Kathete $a = 67{,}2$ cm und der Hypotenuse $c = 72{,}8$ cm.
Berechne den Umfang und den Flächeninhalt des Dreiecks!

3 Überprüfe rechnerisch, ob ein rechtwinkliges Dreieck vorliegt!

a) $a = 5$ cm, $b = 12$ cm, $c = 13$ cm
b) $a = 24$ mm, $b = 32$ mm, $c = 42$ mm

4 Von einem Quadrat kennt man die Seitenlänge $a = 56$ mm.
Berechne die Länge der Diagonalen!

5 Von einem Rechteck kennt man die Seitenlängen $a = 12$ cm und $b = 28{,}8$ cm.
Berechne die Länge der Diagonalen!

6 Von einem gleichschenkligen Dreieck ABC ($a = b$) kennt man die Basis $c = 21$ cm und die Schenkellänge $a = 14$ cm. Berechne die Länge der Höhe h_c und den Flächeninhalt!

7 Ein Quadrat hat eine Diagonale von 10 cm Länge. Berechne die Länge der Quadratseite!

8 Um die Länge eines Teichs zu messen, nimmt man einen Punkt X so an, dass $AX \perp BX$ ist. Wie lange ist der Teich, wenn $\overline{AX} = 42$ m und $\overline{BX} = 40$ m ist?

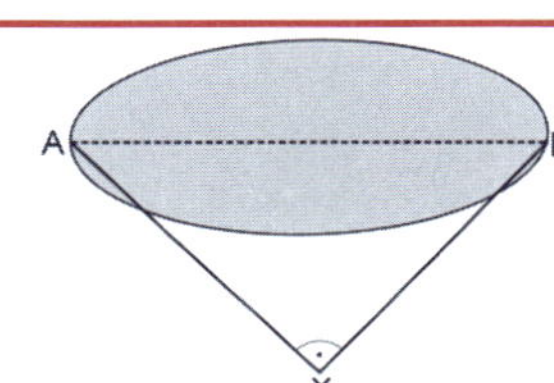

9 Auf einer ansteigenden Straße werden zwei Punkte P und Q markiert und ihre Entfernung mit $s = 120$ m gemessen.
Der Höhenunterschied y von P und Q beträgt 15 m.
Berechne die waagrechte Entfernung x.
Der Quotient $\frac{y}{x}$ gibt die Steigung der Straße an.
Berechne die Steigung der Straße und gib sie in Prozent an!
(Runde auf 2 Dezimalstellen)

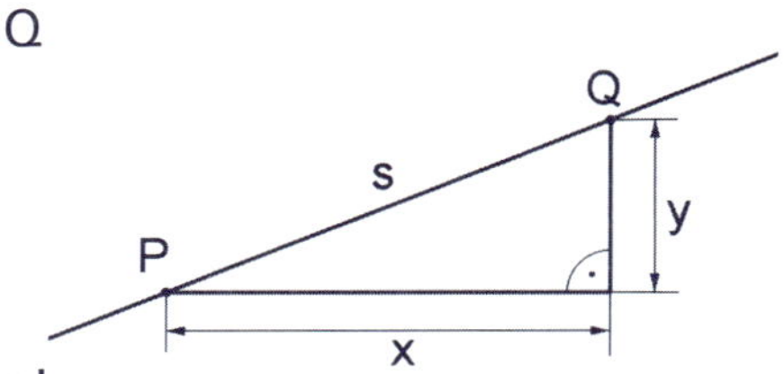

Umfang und Flächeninhalt eines Dreiecks

Zeichne ein beliebiges Dreieck ABC und umschreibe ein Rechteck. Durch die Höhe h_c wird das Rechteck in 2 weitere Rechtecke geteilt. Diese werden durch die Seite a bzw. b in 2 gleiche rechtwinklige Dreiecke geteilt. Vergleichst du nun den Flächeninhalt des umschriebenen Rechtecks mit dem des ursprünglichen Dreiecks, erkennst du, dass das Dreieck ABC die Hälfte der Fläche des umschriebenen Rechtecks hat.

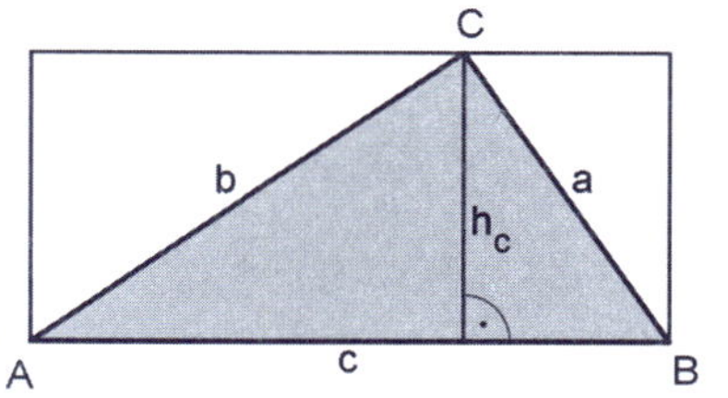

$A = \frac{c \cdot h_c}{2}$ aber auch $A = \frac{a \cdot h_a}{2}$ bzw. $A = \frac{b \cdot h_b}{2}$

oder $A = \frac{1}{2} \cdot c \cdot h_c$ bzw. $A = \frac{1}{2} \cdot a \cdot h_a$ bzw. $A = \frac{1}{2} \cdot b \cdot h_b$ $u = a + b + c$

Beispiel: Konstruiere das Dreieck a = 39 mm, b = 52 mm, c = 48 mm!

a) Miss die 3 Höhen ab und berechne jeweils den Flächeninhalt des Dreiecks! (Wegen der Messfehler werden die drei Werte nicht genau übereinstimmen. Wenn du aber den Mittelwert der drei Flächeninhalte nimmst, kannst du den Fehler sehr klein halten.)

b) Miss die 3 Innenwinkel und berechne die Summe! Welcher Wert sollte sich ergeben?

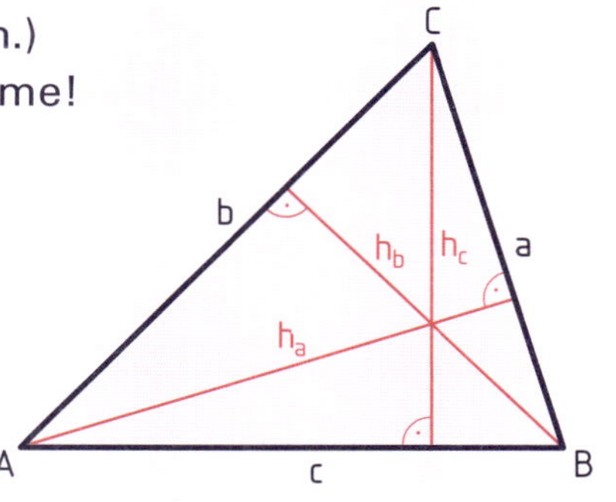

Messungen:

$h_a = 46$ mm $\alpha = 46°$

$h_b = 34$ mm $\beta = 72°$

$h_c = 37$ mm $\gamma = 62°$

$\alpha + \beta + \gamma = 180°$

Berechnung des Flächeninhalts auf 3 verschiedene Arten:

$A_1 = \frac{1}{2} \cdot a \cdot h_a$	$A_2 = \frac{1}{2} \cdot b \cdot h_b$	$A_3 = \frac{1}{2} \cdot c \cdot h_c$
$A_1 = \frac{1}{2} \cdot 39 \cdot 46$	$A_2 = \frac{1}{2} \cdot 52 \cdot 34$	$A_3 = 48 \cdot 37$
$A_1 = 897\ mm^2$	$A_2 = 884\ mm^2$	$A_3 = 888\ mm^2$

$A = (A_1 + A_2 + A_3) : 3$

$A = (897 + 884 + 888) : 3$

$A = 2\,669 : 3 = 889{,}666..$

$A = 889{,}67\ mm^2$

Den Mittelwert erhältst du, indem du die Summe der Einzelwerte durch die Anzahl der Einzelwerte dividierst.

Beispiel: Von einem Dreieck kennt man den Flächeninhalt $A = 12{,}47\ cm^2$ und die Höhe $h_c = 4{,}3$ cm. Berechne die Länge der Seite c!

Aus der Formel für den Flächeninhalt errechnest du c.

$A = \frac{1}{2} \cdot c \cdot h_c \quad | \cdot 2$

$2A = c \cdot h_c \quad | : h_c$

$\frac{2A}{h_c} = c$

$c = \frac{2A}{h_c}$

Einsetzen

$c = \frac{2 \cdot 12{,}47}{4{,}3} = 5{,}8$ cm

Umfang und Flächeninhalt eines Dreiecks

1 Konstruiere das Dreieck a = 65 mm, b = 51 mm, c = 75 mm. Miss die 3 Höhen ab und berechne jeweils den Flächeninhalt des Dreiecks. Bestimme den Mittelwert!

2 Konstruiere das Dreieck ABC [A (1|1), B (7|1), C (4|5)]. Berechne den Umfang und den Flächeninhalt!

3 Von einem Dreieck kennt man den Flächeninhalt A = 12,58 cm^2 und die Höhe h_c = 3,4 cm. Berechne die Länge der Seite c!

4 Von einem gleichschenkligen Dreieck kennt man den Flächeninhalt A = 13,3 cm^2. Die Basis hat eine Länge von 7,6 cm. Berechne die Länge der Höhe h_c!

5 Die Feuermauer eines Hauses soll renoviert werden. Es werden die Dachkanten d erneuert und die Mauer soll gestrichen werden.

a) Wie lange sind die Dachkanten d?

b) Wie groß ist die Fläche der Feuermauer?

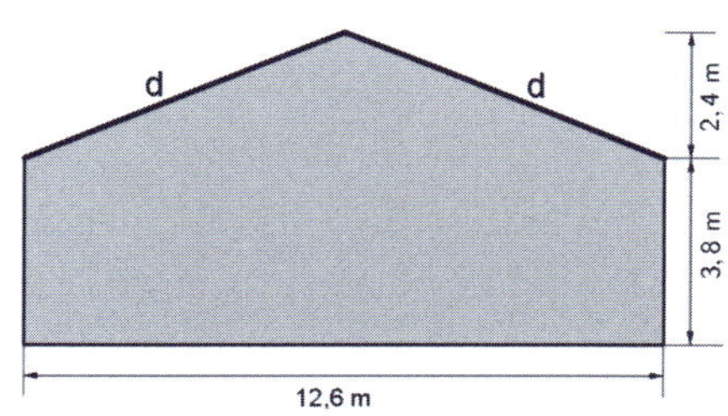

6 Aus einer rechteckigen Holzplatte (Maße in cm) werden zwei dreieckige Teile herausgeschnitten.

a) Wie groß ist jeweils der Flächeninhalt?

b) Wie groß ist der Abfall?

c) Wie viel Prozent fallen an Abfall an?

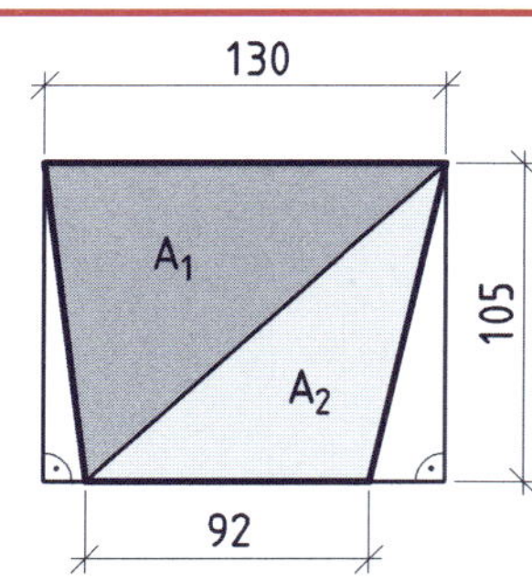

Umfang und Flächeninhalt eines Parallelogramms

Um den Flächeninhalt eines Parallelogramms zu errechnen, überlege dir Folgendes:

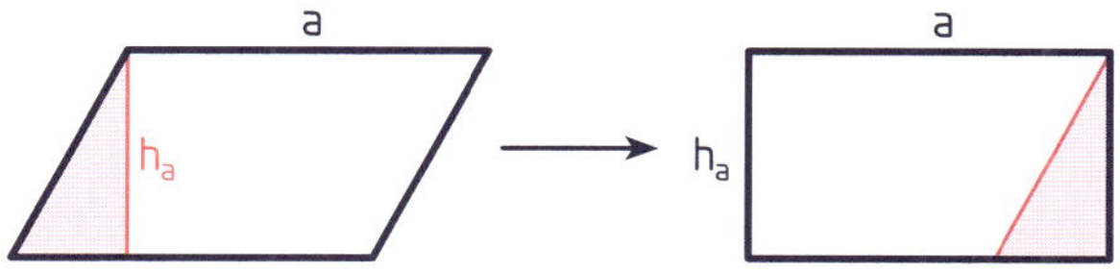

Schneide bei einem Parallelogramm das Dreieck entlang der Höhe h_a ab und füge es an der rechten Seite wieder an. Es ist ein flächengleiches Rechteck entstanden. Der Flächeninhalt des Rechtecks lässt sich leicht errechnen. Dieser Flächeninhalt ist auch der Flächeninhalt des Parallelogramms.

$A = a \cdot h_a$ bzw. $A = b \cdot h_b$ $\qquad u = 2 \cdot (a + b)$

Beispiel: Von einem Parallelogramm kennt man die Länge der Seite $a = 55$ mm und die Länge der Höhe $h_a = 35$ mm. Berechne den Flächeninhalt!

$A = a \cdot h_a$ Formel
$A = 55 \cdot 35$ Einsetzen und berechnen
$A = 1\,925$ mm²

Beispiel: Von einem Parallelogramm kennt man die Seitenlängen $a = 52{,}5$ cm und $b = 23{,}4$ cm sowie die Länge der Höhe $h_a = 18{,}8$ cm. Berechne
a) den Flächeninhalt und
b) die Länge der Höhe h_b!

a) $A = a \cdot h_a$
$A = 52{,}5 \cdot 18{,}8$
$A = 987$ cm²

b) h_b wird aus der „zweiten" Flächenformel errechnet
$A = b \cdot h_b \quad | : b$
$\frac{A}{b} = h_b$ Einsetzen und berechnen
$\frac{987}{23{,}4} = h_b$
$h_b = 42{,}17.. \approx 42{,}2$ cm

Beispiel: Konstruiere das Parallelogramm ABCD [A(–1/–1), B(3/–1), C, D(1/2)] und berechne den Flächeninhalt.

Konstruktion:
Zeichne A, B und D. Den Punkt C erhältst du durch Parallelverschieben: C(5/2)

Flächeninhalt:
Die Länge a und die Höhe h_a kannst du aus der Zeichnung entnehmen: $a = 4$ cm, $h_a = 3$ cm
$A = a \cdot h_a$
$A = 4 \cdot 3 = 12$
Der Flächeninhalt beträgt 12 cm².

Zeichnung verkleinert

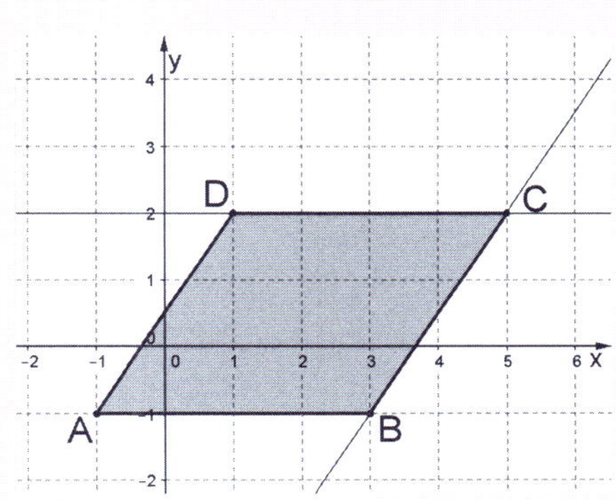

Umfang und Flächeninhalt des Trapezes

Um den Flächeninhalt eines Trapezes zu bestimmen, überlege dir Folgendes:

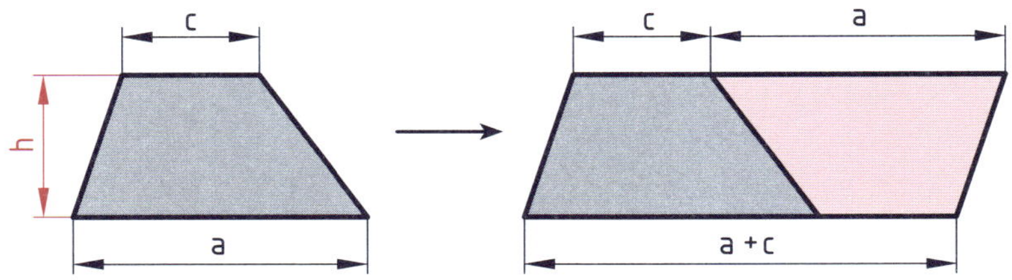

Zeichne ein Trapez auf ein Blatt Papier. Lege ein zweites Blatt Papier darunter und schneide so zwei kongruente Trapeze aus. Drehe eine der Figuren und lege sie, so wie die Abbildung oben zeigt, zusammen. Es ist ein Parallelogramm entstanden, das einen doppelt so großen Flächeninhalt hat wie das ursprüngliche Trapez.

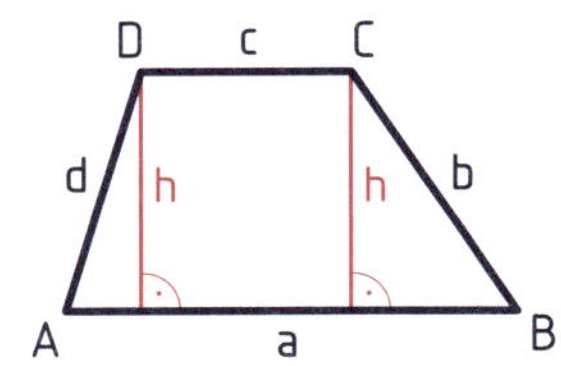

$A = \frac{1}{2} \cdot (a + c) \cdot h$ oder $A = \frac{(a + c) \cdot h}{2}$ $u = a + b + c + d$

Beachte: Man spricht von einem gleichschenkligen Trapez, wenn $b = d$ gilt.

Beispiel: Von einem Trapez kennt man die Länge der Seiten a = 6,4 cm, c = 3,5 cm und die Länge der Höhe h = 2,4 cm. Berechne den Flächeninhalt!

$A = \frac{1}{2} \cdot (a + c) \cdot h$ Formel

$A = \frac{1}{2} \cdot (6{,}4 + 3{,}5) \cdot 2{,}4$ Einsetzen

$A = 11{,}88 \text{ cm}^2$

Beispiel: Ein Trapez mit der Seite a = 8,6 cm und der Höhe h = 4,2 cm hat einen 23,10 cm^2 großen Flächeninhalt. Berechne die Länge der Parallelseite c!

$A = \frac{1}{2} \cdot (a + c) \cdot h \quad | \cdot 2$ Aus der Formel für A errechnest du c.

$2A = (a + c) \cdot h \quad | : h$

$\frac{2A}{h} = a + c \quad | - a$

$\frac{2A}{h} - a = c$

$c = \frac{2 \cdot 23{,}10}{4{,}2} - 8{,}6$ Einsetzen

$c = 2{,}4 \text{ cm}$

Beispiel: Von einem Trapez kennt man die Länge der Seiten a = 14,3 cm und c = 12,2 cm sowie den Flächeninhalt A = 113,95 cm^2. Berechne die Länge der Höhe h!

$A = \frac{1}{2} \cdot (a + c) \cdot h \quad | \cdot 2$ Aus der Formel für A errechnest du h.

$2A = (a + c) \cdot h \quad | : (a + c)$

$\frac{2A}{a + c} = h$

$h = \frac{2 \cdot 113{,}95}{14{,}3 + 12{,}2}$ Einsetzen

$h = 8{,}6 \text{ cm}$

Umfang und Flächeninhalt von Parallelogramm und Trapez

1 Von einem Parallelogramm ABCD kennt man die Länge der Seiten $a = 72$ mm und $b = 34$ mm sowie die Höhe $h_a = 29$ mm.
Berechne die Länge der Höhe h_b, den Flächeninhalt und den Umfang!

---

2 Von einem Parallelogramm ABCD kennt man die Länge der Seite $b = 72$ mm und die Höhe $h_b = 42$ mm. Weiters weiß man die Umfangslänge $u = 268$ mm.
Berechne die Länge der Seite a, die Höhe h_a und den Flächeninhalt!

---

3 Von einem Trapez ABCD kennt man die Länge der Seiten $a = 72$ mm und $c = 21$ mm sowie die Höhe $h = 28$ mm. Berechne den Flächeninhalt!

---

4 Von einem gleichschenkligen Trapez ABCD ($b = d$) kennt man $a = 10{,}5$ cm, $b = d = 4{,}6$ cm und $h = 4$ cm.

a) Konstruiere das Trapez!

b) Berechne die Länge von x und c!

c) Bestimme die Umfangslänge und den Flächeninhalt!

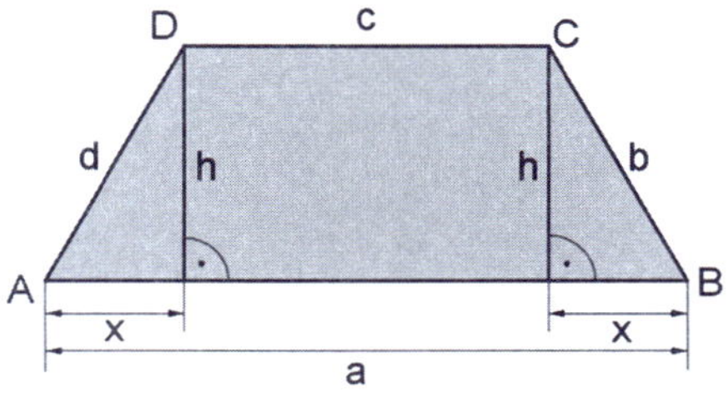

---

5 Von einem Trapez ABCD kennt man den Flächeninhalt $A = 2\,394$ mm², die Länge der Seite $a = 86$ mm und die Höhe $h = 42$ mm. Berechne die Länge der Seite c!

---

6 Konstruiere das Trapez ABCD[A(–1/–2), B(6/–2), C(3/2), D(0/y)]!
Berechne den Flächeninhalt!

---

7 Für den Christkindl-Markt wird ein Kiosk, dessen Grundfläche ein Rechteck ist, vorbereitet.
Er soll innen und außen (außen ohne Boden) mit Farbe bestrichen werden. Für wie viel m² muss man Farbe einkaufen?

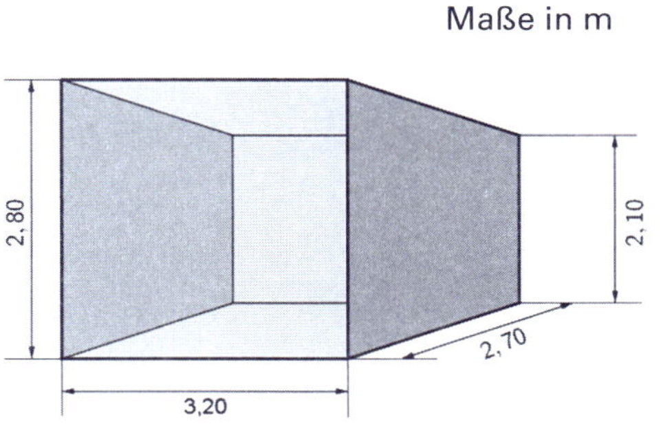

Flächeninhalt von besonderen Vierecken mit aufeinander normal stehenden Diagonalen

Quadrat

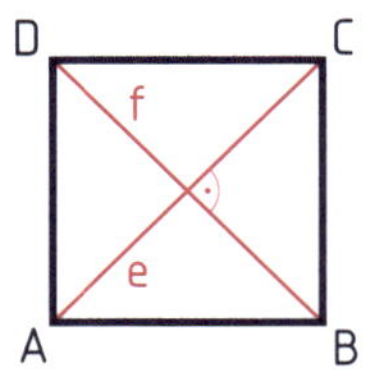

Raute (Rhombus)

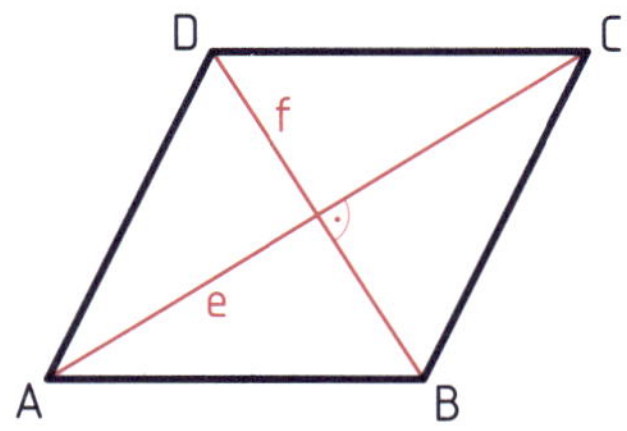

Deltoid

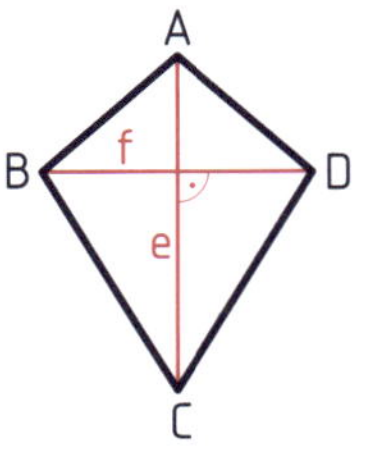

Für den **Flächeninhalt** von **Quadrat**, **Raute** (**Rhombus**) und **Deltoid** gilt:

$$A = \frac{1}{2} \cdot e \cdot f \quad \text{oder} \quad A = \frac{e \cdot f}{2}$$

in Worten:
Flächeninhalt = Produkt der beiden Diagonalen halbe

Beispiel: Ein Drachen hat die Form eines Deltoids. Die beiden Holzleisten, die die Diagonalen bilden, sind 106 cm bzw. 52 cm lang. Berechne den Flächeninhalt des Drachens!

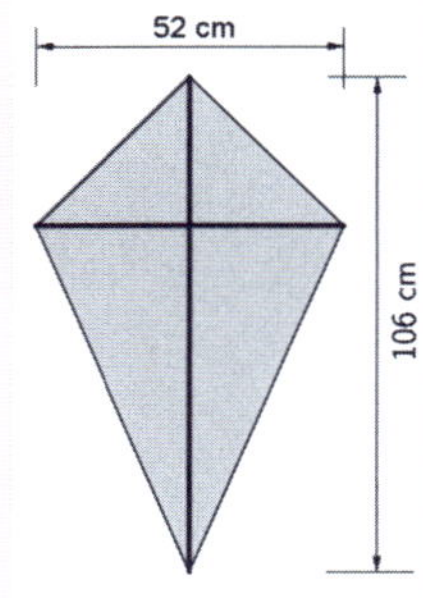

$A = \frac{1}{2} \cdot e \cdot f$	Flächenformel
$A = \frac{1}{2} \cdot 106 \cdot 52$	Einsetzen
$A = 2\,756\ \text{cm}^2$	Der Drache hat eine Fläche von 2 756 cm^2.

Beispiel: Von einer Raute kennt man die Länge der beiden Diagonalen $e = 42$ mm und $f = 75$ mm. Berechne den Flächeninhalt!

$A = \frac{1}{2} \cdot e \cdot f$	Flächenformel
$A = \frac{1}{2} \cdot 42 \cdot 75$	Einsetzen
$A = 1575\ \text{mm}^2$	Die Raute hat einen Flächeninhalt von 1 575 cm^2.

Beispiel: Von einer Raute kennt man den Flächeninhalt $A = 19{,}25\ \text{cm}^2$ und die Länge der Seite $a = 5{,}5$ cm. Berechne die Länge der Höhe h_a!

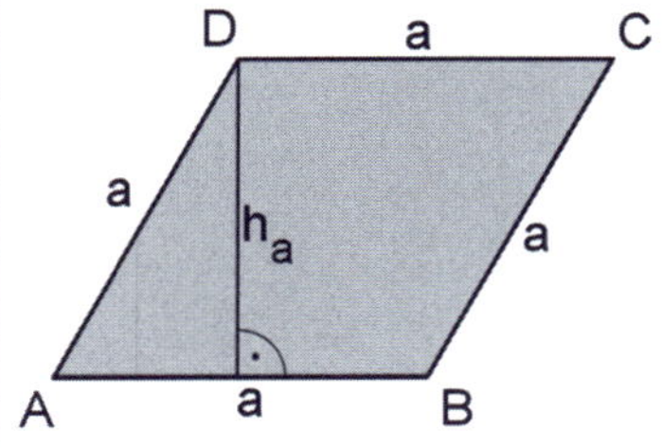

Da die Raute ein Parallelogramm mit 4 gleich langen Seiten ist, kann man hier auch die Flächenformel des Parallelgramms verwenden.

$A = a \cdot h_a$	$\mid : a$	Umformen
$\frac{A}{a} = h_a$		Einsetzen
$h_a = \frac{19{,}25}{5{,}5}$		
$h_a = 3{,}5\ \text{cm}$		Die Länge der Höhe h_a beträgt 3,5 cm.

Flächeninhalt von Quadrat, Raute und Deltoid

1 Konstruiere ein Quadrat ABCD, dessen Diagonalen 5 cm lang sind.
Berechne den Flächeninhalt!

2 Von einem Quadrat ABCD kennt man den Flächeninhalt $A = 72\ cm^2$.
Berechne die Länge der Diagonalen!

3 Von einem Deltoid ABCD kennt man die Länge der Seite $a = 30$ mm, die Symmetriediagonale $e = 58$ mm und die Diagonale $f = 32$ mm.

a) Konstruiere das Deltoid!
b) Berechne den Flächeninhalt!

4 Von einer Raute ABCD kennt man die Längen der Diagonalen.
Berechne den Flächeninhalt!

a) $e = 34$ mm, $f = 72$ mm
b) $e = 122$ mm, $f = 61$ mm

5 Von einer Raute ABCD kennt man die Länge des Umfangs $u = 224$ mm und die Höhe $h = 48$ mm. Berechne die Länge der Seite a und den Flächeninhalt!

6 Konstruiere die Raute ABCD mit $a = 5$ cm und $\alpha = 50°$!
Berechne den Flächeninhalt der Raute auf 2 Arten!
Miss die Bestimmungsstücke, die du brauchst, aus deiner Zeichnung ab!
Berechne auch den Mittelwert der Flächeninhalte!

Flächeninhalt von unregelmäßigen Vielecken

Um den Flächeninhalt A eines unregelmäßigen Vielecks zu bestimmen, musst du die Fläche in Teilflächen zerlegen, von denen du den Flächeninhalt bestimmen kannst.

Beispiel: Ermittle den Flächeninhalt der gegebenen Figur (Maße in mm)!

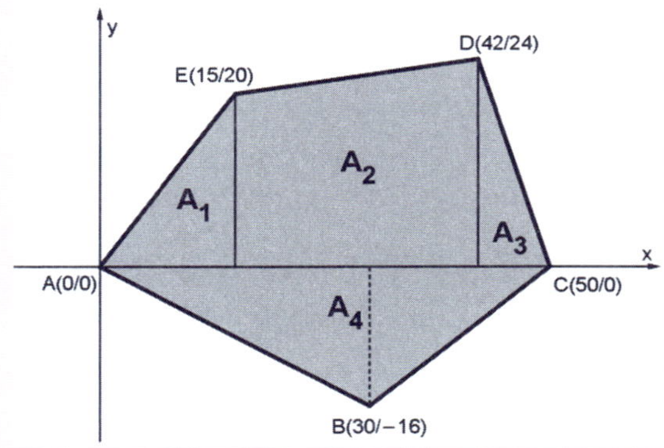

Um den Flächeninhalt zu berechnen musst du in Teilflächen zerlegen. Die entsprechenden Seitenlängen und Höhen kannst du aus den Koordinaten bestimmen.

A_1 und A_3 sind rechtwinklige Dreiecke

$$A = \frac{1}{2} \cdot a \cdot b$$

A_1: Katheten sind die Koordinaten von E

$$A_1 = \frac{1}{2} \cdot 15 \cdot 20$$

$$A_1 = 150 \text{ mm}^2$$

A_3: Die 1. Kathete erhältst du aus der Differenz der x-Werte von C und D.

$$50 - 42 = 8$$

Die 2. Kathete ist die y-Koordinate von D: 24

$$A_3 = \frac{1}{2} \cdot 8 \cdot 24$$

$$A_3 = 96 \text{ mm}^2$$

A_2 ist ein Trapez

$$A = \frac{1}{2} \cdot (a + c) \cdot h$$

Parallelseiten a, c = y-Koordinaten von E bzw. D

Höhe: Differenz der x-Werte von D und E

$$42 - 15 = 27$$

$$A_2 = \frac{1}{2} \cdot (20 + 24) \cdot 27$$

$$A_2 = 594 \text{ mm}^2$$

A_4 ist ein Dreieck

$$A = \frac{1}{2} \cdot c \cdot h_c$$

c = x-Koordinate von C

h = Betrag[1] der y-Koordinate von B

[1] Betrag, weil es keine „negative" Länge gibt.

$$A_4 = \frac{1}{2} \cdot 50 \cdot 16$$

$$A_4 = 400 \text{ mm}^2$$

Gesamtfläche:

$$A = A_1 + A_2 + A_3 + A_4$$

$$A = 150 + 594 + 96 + 400$$

$$A = 1\,240 \text{ mm}^2$$

Der Flächeninhalt beträgt 1 240 mm².

Flächeninhalt von unregelmäßigen Vielecken

1 Berechne den Flächeninhalt der gegebenen Figur!

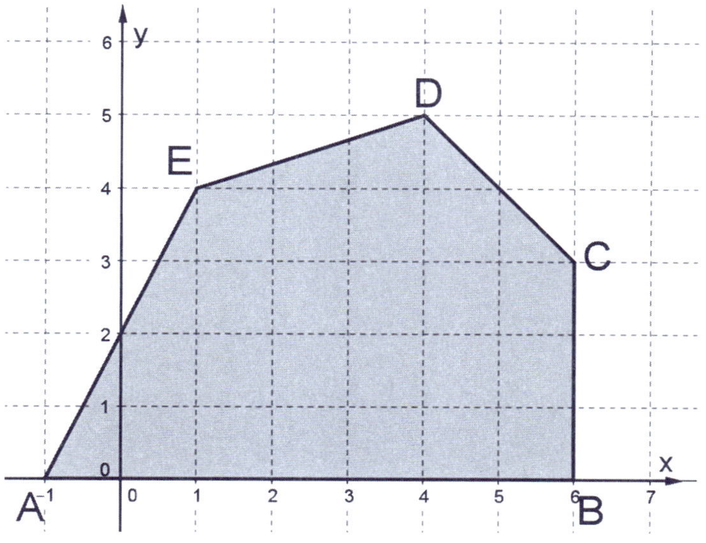

2 Zeichne das Viereck ABCD [A(–3/–1), B(4/–1), C(3/5), D(–2/3)].
Berechne den Flächeninhalt!

3 Zeichne das Vieleck ABCDE [A(–2/–2), B(8/–2), C(7/1), D(3/4), E(–1/3)].
Berechne den Flächeninhalt!

4 Berechne den Flächeninhalt der dargestellten Figur!

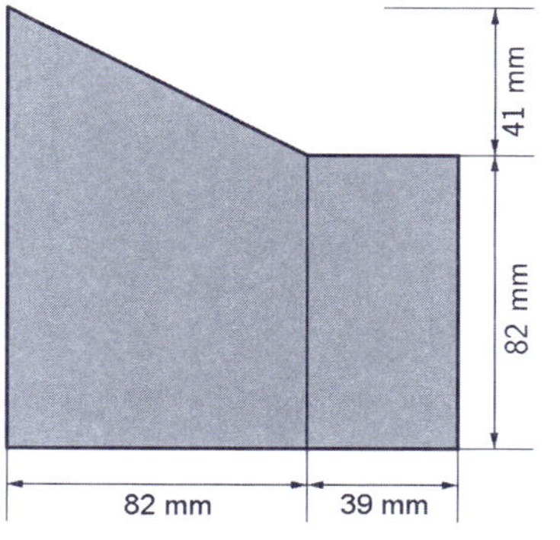

5 Berechne den Flächeninhalt des dargestellten Grundstücks!

(Maße in m)

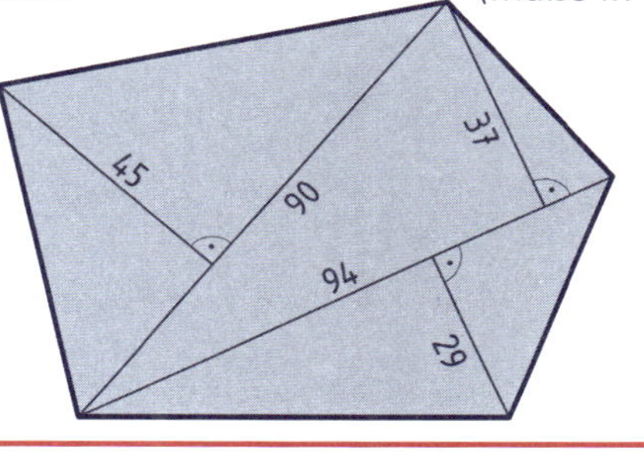

Übersicht über die Flächenformeln von Dreieck und Viereck

Dreiecke

allgemein

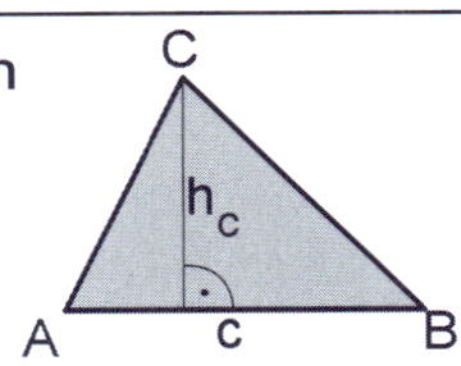

für alle Dreiecke gilt:

$u = a + b + c$

$A = \frac{1}{2} \cdot a \cdot h_a$ bzw. $A = \frac{1}{2} \cdot b \cdot h_b$ bzw. $A = \frac{1}{2} \cdot c \cdot h_c$

spezielle Dreiecke

rechtwinklig

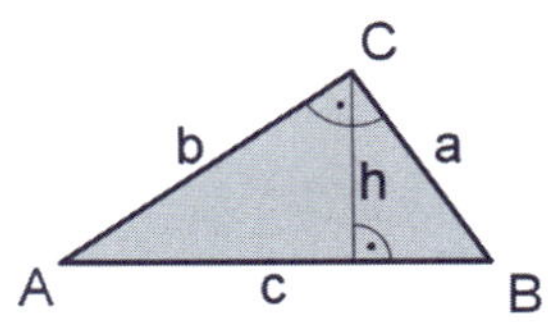

$A = \frac{1}{2} \cdot a \cdot b$

$A = \frac{1}{2} \cdot c \cdot h$

gleichschenklig

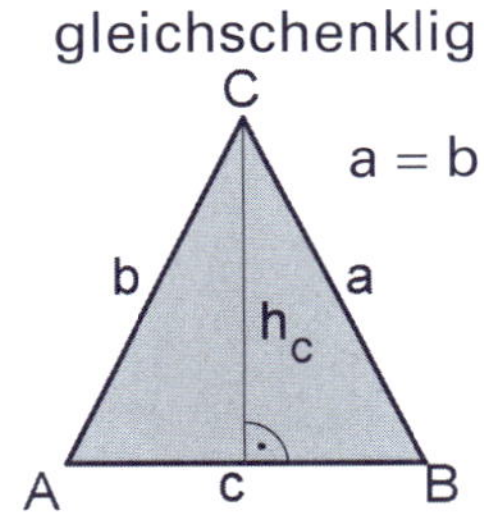

$A = \frac{1}{2} \cdot c \cdot h_c$

gleichseitig

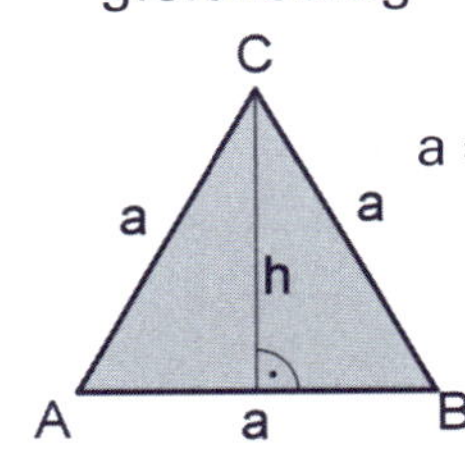

$A = \frac{1}{2} \cdot a \cdot h$

Vierecke

Parallelogramm

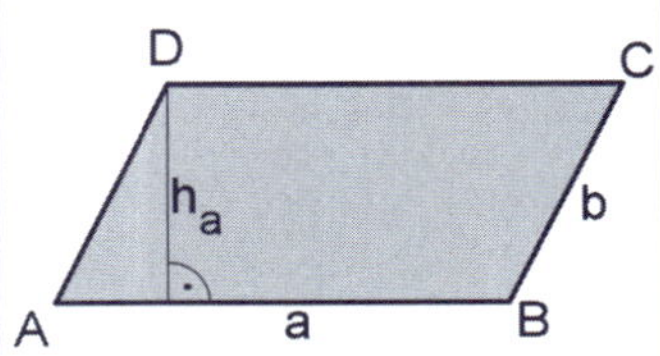

$A = a \cdot h_a$ bzw. $A = b \cdot h_b$

$u = 2 \cdot (a + b)$

Deltoid

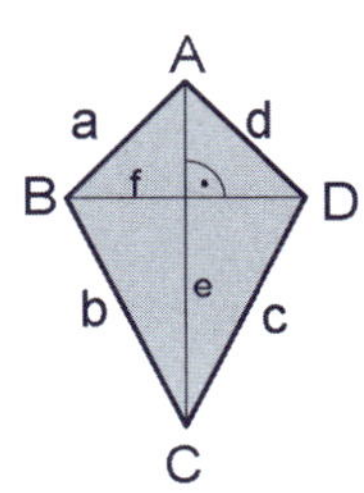

$A = \frac{1}{2} \cdot e \cdot f$

$u = 2 \cdot (a + b)$

Trapez

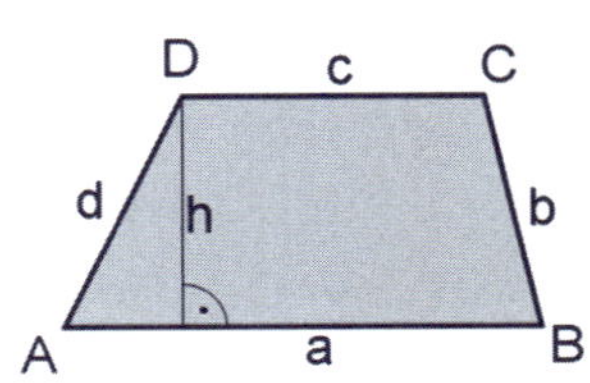

$A = \frac{1}{2} \cdot (a + c) \cdot h$

$u = a + b + c + d$

unregelmäßiges Viereck

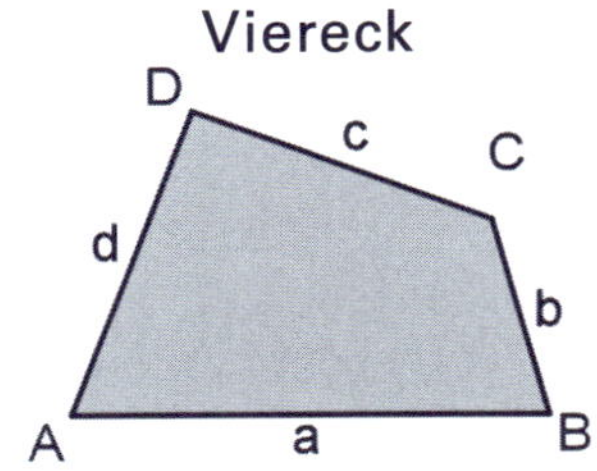

in Teildreiecke zerlegen

Rechteck

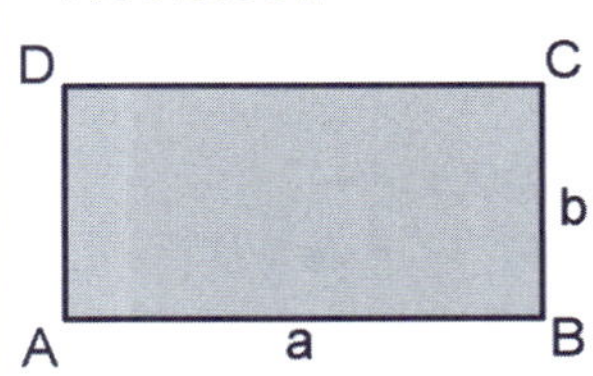

$A = a \cdot b$

$u = 2 \cdot (a + b)$

Raute

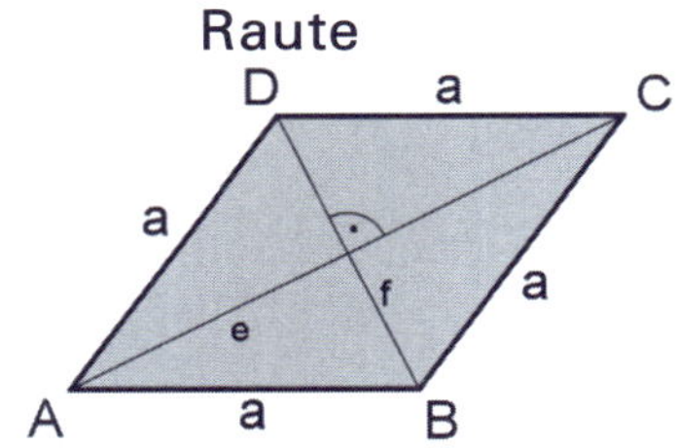

$A = \frac{1}{2} \cdot e \cdot f$ bzw. $A = a \cdot h$

$u = 4a$

gleichschenkliges Trapez

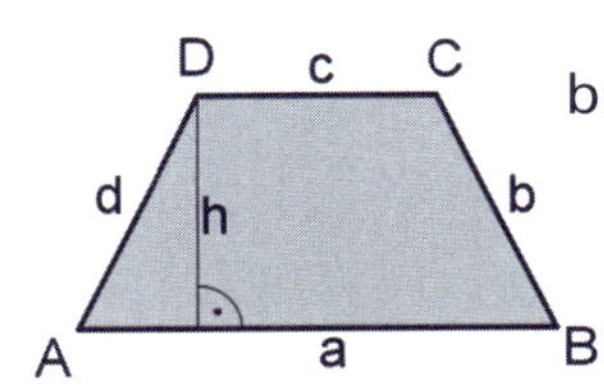

$A = \frac{1}{2} \cdot (a + c) \cdot h$

$u = a + 2b + c$

Quadrat

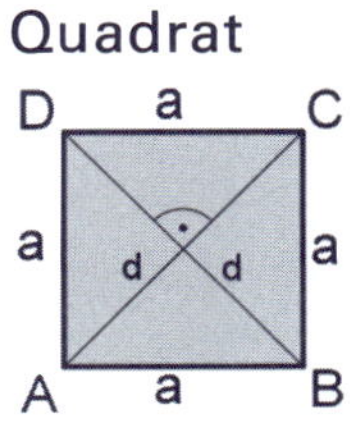

$A = a^2$ aber auch $A = \frac{1}{2} \cdot d \cdot d = \frac{1}{2} d^2$

$u = 4a$

Ähnlichkeit

Ähnliche Figuren

Vergleiche die beiden Dreiecke:

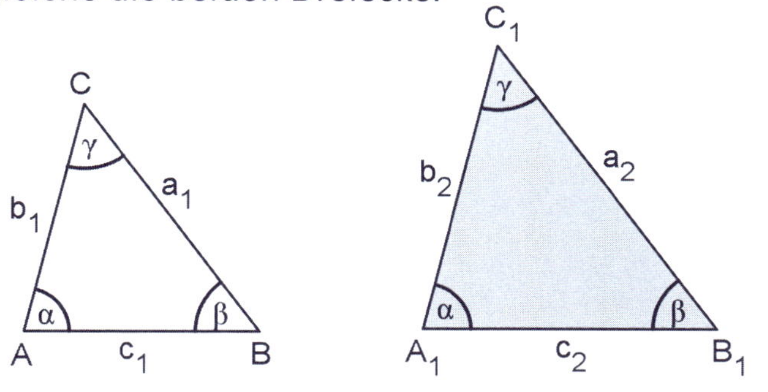

Die beiden Dreiecke „schauen ähnlich“ aus.

Figuren mit **gleicher Gestalt,** aber verschiedener Größe, nennt man **ähnlich**.
Man schreibt z. B.: $\Delta\, ABC \sim \Delta\, A_1B_1C_1$ „ ~ “ ist ähnlich
Bei ähnlichen Figuren stehen entsprechende **Seitenlängen im selben Verhältnis** und sind entsprechende **Winkel gleich groß.**

Beispiel: Von einem Dreieck kennt man das Verhältnis der Seitenlängen $a : b : c = 2 : 3 : 4$. Gib 2 Dreiecke an, deren Seitenlängen das Verhältnis erfüllen!

1. Dreieck: $a = 2$ cm, $b = 3$ cm, $c = 4$ cm
2. Dreieck: $a = 6$ cm, $b = 9$ cm, $c = 12$ cm

Die beiden Dreiecke sind ähnlich, die Seitenlängen stehen im selben Verhältnis.

Beispiel: Von einem Dreieck ABC kennt man die Längen der drei Seiten $a = 3$ cm, $b = 5$ cm, $c = 4$ cm. Wie lang sind die Seiten eines ähnlichen Dreiecks $A_1B_1C_1$ mit $b_1 = 7{,}5$ cm?

Überlege: $\Delta\, ABC \sim \Delta\, A_1B_1C_1$

$a : b : c = a_1 : b_1 : c_1$

$3 : 5 : 4 = a_1 : 7{,}5 : c_1$

Im Δ ABC ist durch die Seitenlängen auch das Längenverhältnis gegeben.

Man muss 3 : 5 : 4 so mit k (Proportionalitätsfaktor) erweitern, dass $b_1 = 7{,}5$ wird.

$5 \cdot k = 7{,}5 \quad | : 5$

$k = 1{,}5$

Berechnung der anderen Seiten:

$a_1 = 3 \cdot k \quad a_1 = 3 \cdot 1{,}5 = 4{,}5$ cm

$c_1 = 4 \cdot k \quad c_1 = 4 \cdot 1{,}5 = 6$ cm

Die Seiten des ähnlichen Dreiecks sind 4,5 cm, 7,5 cm und 6 cm.

Anmerkung:
Damit zwei Figuren ähnlich sind, müssen **beide** Bedingungen für die Ähnlichkeit erfüllt sein.

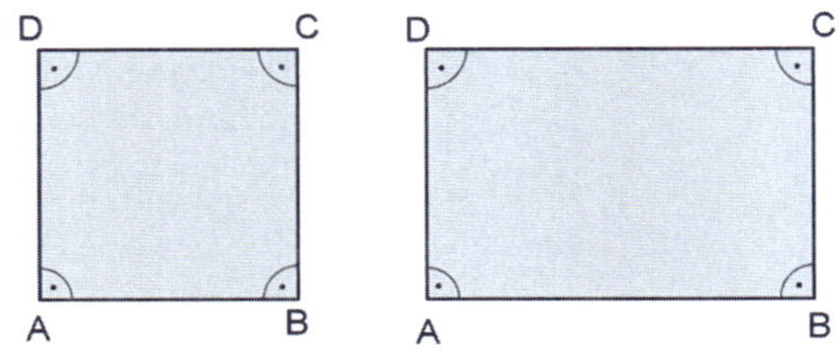

Obwohl Quadrat und Rechteck jeweils 4 rechte Winkel haben, sind die Figuren **nicht ähnlich**, da die Seitenlängen nicht im selben Verhältnis stehen.

Beispiel: Gegeben sind die Dreiecke Δ ABC[A(–2/–1), B(1/–1), C(–1/2) und Δ $A_1B_1C_1$[A_1(1/1), B_1(7/1), C_1(3/7)]. Überprüfe, ob die Dreiecke ähnlich sind!

Zeichne die beiden Dreiecke in ein Koordinatensystem!

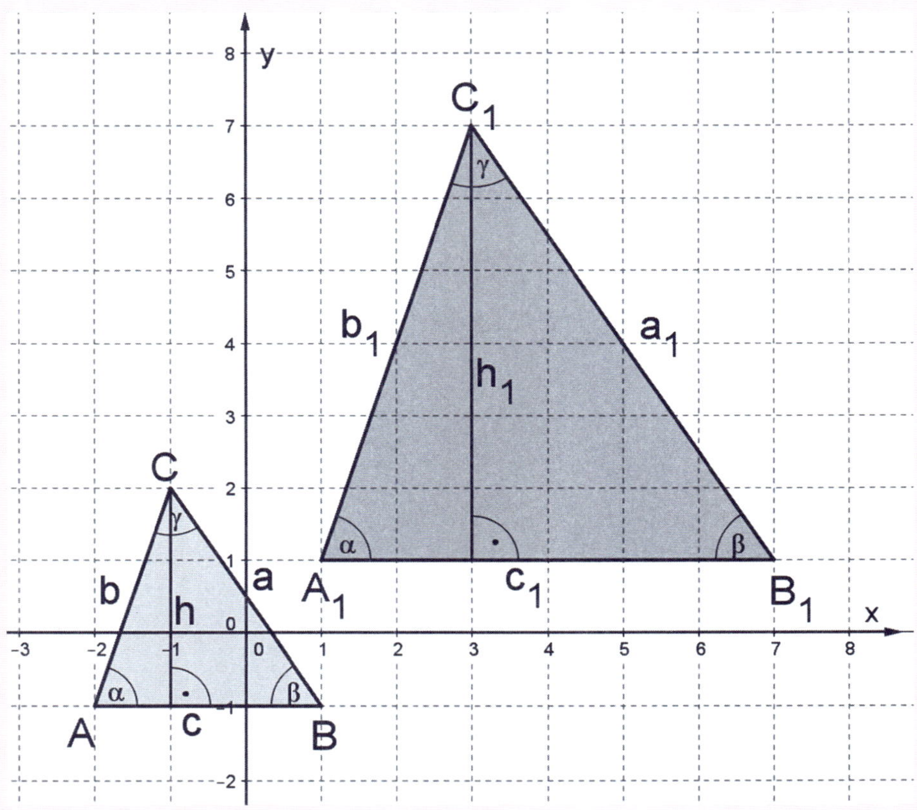

Überprüfe in der Zeichnung die **Winkel**:
Die Schenkel der entsprechenden Winkel sind jeweils parallel, sie sind Parallelwinkel.
$\Rightarrow$ die Winkel sind gleich groß,

Überprüfe in der Zeichnung die **Seitenlängen**:
Du erkennst, dass c_1 doppelt so lang wie c ist, genauso ist h_1 doppelt so lang wie h. Das gilt auch für die beiden andern Seiten. $\Rightarrow$ die entsprechenden Seiten sind doppelt so lang, d. h. sie stehen im selben Verhältnis, nämlich 1 : 2.

Da beide Bedingungen für die Ähnlichkeit erfüllt sind, gilt $\Delta\ ABC \sim \Delta\ A_1B_1C_1$

Ähnliche Figuren

1 Von einem Dreieck ABC kennt man die Längen der drei Seiten $a = 8$ cm, $b = 5$ cm, $c = 9$ cm. Wie lang sind die Seitenlängen eines ähnlichen Dreiecks $A_1B_1C_1$ mit den gegebenen Seitenlängen?

a) $a_1 = 7{,}2$ cm; b) $b_1 = 6$ cm c) $c_1 = 13{,}5$ cm

2 Die beiden Figuren sind ähnlich!
Gib die Längen von a_1, b_1, c_1 und d_1 an!

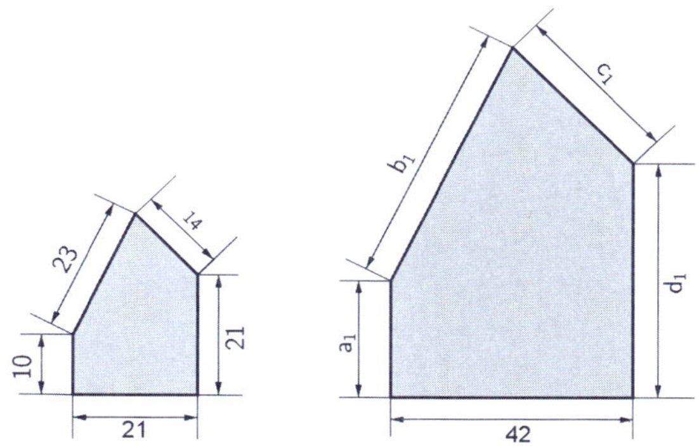

3 Von einem Dreieck ABC kennt man die Längen der drei Seiten $a = 8$ cm, $b = 7$ cm und $c = 5$ cm.

a) Wie lang sind die Seitenlängen eines ähnlichen Dreiecks $A_1B_1C_1$ mit $a_1 = 12$ cm?

b) Wie groß sind die Umfänge u bzw. u_1?

c) In welchem Verhältnis stehen die Umfangslängen?

4 Der Umfang eines Vierecks ABCD ist 475 mm. Die Seitenlängen verhalten sich wie $a : b : c : d = 7 : 5 : 4 : 3$. Berechne die Länge der einzelnen Seiten!
Wenn du die Umfangslänge verdoppelst, das Seitenverhältnis aber gleich lässt, entsteht dann ein ähnliches Viereck? Begründe deine Antwort!

5 Gegeben ist das Dreieck ABC. Miss die Winkel und zeichne ein ähnliches Dreieck mit $c_1 = \overline{A_1B_1} = 4{,}5$ cm

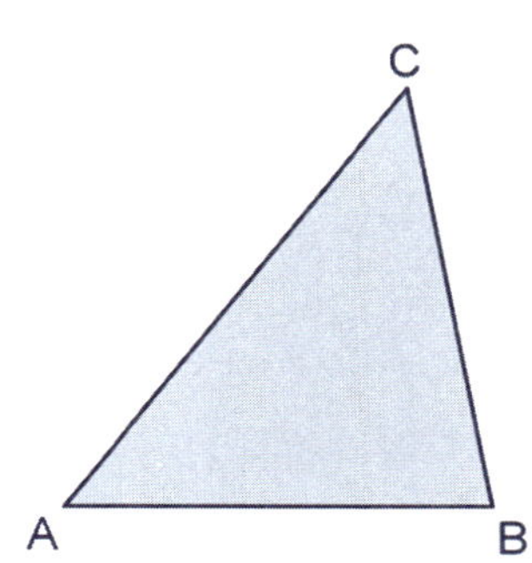

Der Strahlensatz

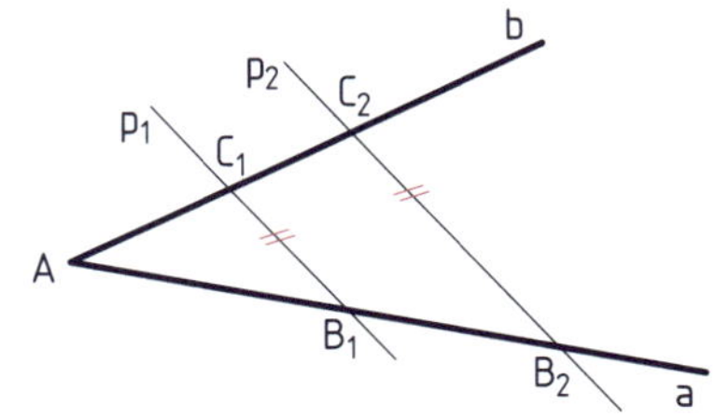

Zeichne zwei Strahlen a und b und schneide sie mit zwei parallelen Geraden p_1 und p_2. Es entstehen zwei ähnliche Dreiecke, die ineinander liegen, wo die entsprechenden Seiten im selben Verhältnis stehen.

Strahlensatz
Werden von einem Punkt ausgehende Strahlen von parallelen Geraden geschnitten, so gilt:

1. Die Längen auf einem Strahl verhalten sich wie die entsprechenden Längen auf dem anderen Strahl: $\overline{AB_1} : \overline{AB_2} = \overline{AC_1} : \overline{AC_2}$
2. Die Längen auf den Parallelen verhalten sich wie die entsprechenden von A aus gemessenen Strecken: $\overline{B_1C_1} : \overline{B_2C_2} = \overline{AB_1} : \overline{AB_2} = \overline{AC_1} : \overline{AC_2}$

Der Strahlensatz kann z. B. für Teilungsaufgaben verwendet werden!

Beispiel: Teile die Strecke AB mit der Länge $\overline{AB} = 36\,\text{mm}$ in 4 gleiche Teile!

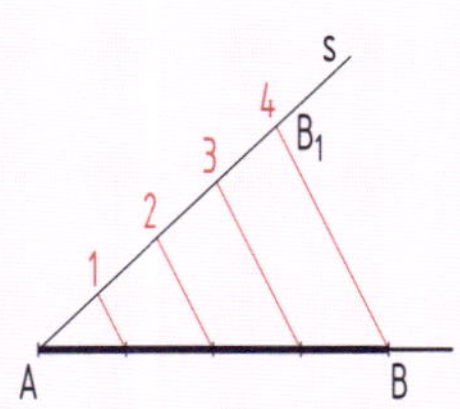

1. Zeichne die Strecke AB.
2. Zeichne von A aus einen beliebigen Strahl s und trage auf diesem mit dem Zirkel 4 gleiche Teile auf.
3. Verbinde den letzten Punkt B_1 auf dem Strahl mit dem Punkt B.
4. Ziehe Parallelen zu BB_1.
5. Die Strecke AB wird aufgrund des Strahlensatzes in 4 gleiche Teile geteilt.

Verkleinern – Vergrößern von Strecken

Beispiel: Teile die Strecke $\overline{AB} = 56\,\text{mm}$ im Verhältnis 3 : 5 von innen!

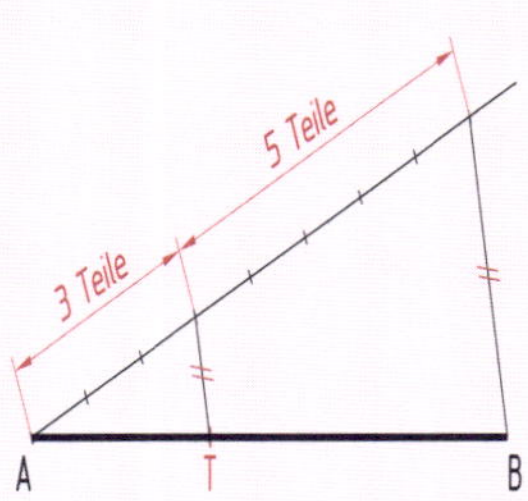

1. Zeichne die Strecke AB.
2. Zeichne von A aus einen beliebigen Strahl und trage auf diesem mit dem Zirkel 8 (3 + 5) gleiche Teile auf.
3. Verbinde den letzten Punkt auf dem Strahl mit dem Punkt B.
4. Ziehe eine Parallele durch den 3. Punkt.
5. Die Strecke AB wird aufgrund des Strahlensatzes durch den Punkt T im Verhältnis 3 : 5 geteilt.

Da **T innerhalb der Strecke** liegt, spricht man von einer **inneren Teilung** (Verkleinern).
Es gilt: $\overline{AT} : \overline{TB} = 3 : 5$

Du kannst dein Ergebnis durch eine Rechnung kontrollieren.

Die Strecke AB wir in 8 Teile geteilt.

$56 : 8 = 7 \quad \Rightarrow$ 1 Teil … 7 mm

$\overline{AT} = 3 \cdot 7 = 21\ \text{mm}$ bzw. $\overline{TB} = 5 \cdot 7 = 35\ \text{mm} \Rightarrow \overline{AT} : \overline{TB} = 21\ \text{mm} : 35\ \text{mm} = 3 : 5$

Beispiel: Teile die Strecke $\overline{AB} = 35\,\text{mm}$ im Verhältnis 7 : 2 von außen!

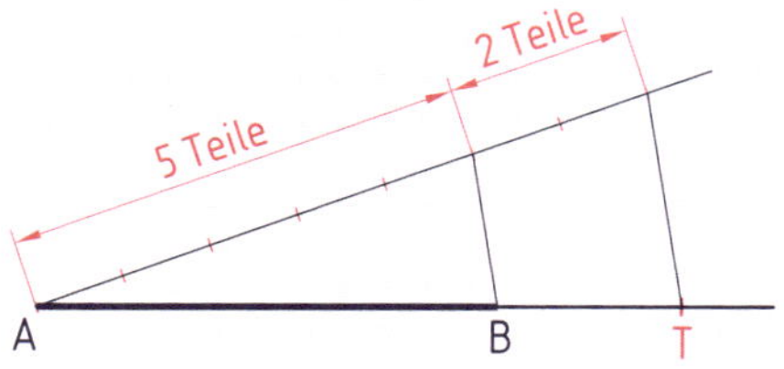

1. Zeichne die Strecke AB.
2. Zeichne von A aus einen beliebigen Strahl und trage auf diesem mit dem Zirkel 7 (5 + 2) gleiche Teile auf.
3. Verbinde den 5. Punkt auf dem Strahl mit dem Punkt B.
4. Ziehe eine Parallele durch den 7. Punkt.
5. Die Strecke AB wird aufgrund des Strahlensatzes durch den Punkt T im Verhältnis 7 : 2 geteilt.

Da T **außerhalb der Strecke** liegt, spricht man von einer **äußeren Teilung** (Vergrößerung). Es gilt: $\overline{AT} : \overline{BT} = 7 : 2$

Du kannst dein Ergebnis durch eine Rechnung kontrollieren.

Die Strecke AB wird in 5 Teile geteilt.

$35 : 5 = 7$ 1 Teil … 7 mm

$\overline{AT} = 7 \cdot 7 = 49\,\text{mm}$ bzw. $\overline{BT} = 2 \cdot 7 = 14\,\text{mm} \Rightarrow \overline{AT} : \overline{BT} = 49\,\text{mm} : 14\,\text{mm} = 7 : 2$

Beispiel: Vergrößere das Dreieck ABC ($b = 48$ mm, $c = 55$ mm, $\alpha = 50°$) im Verhältnis 3 : 5!

1. Konstruiere das Dreieck ABC.
2. Nimm einen Strahl von A aus, um die Seite c zu vergrößern. Du erhältst den Punkt B_1. Vergleiche mit der Aufgabe oben! $\overline{AB} : \overline{AB_1} = 3 : 5$
3. Verlängere die Seite b.
4. Zeichne durch B_1 eine Parallele zur Seite a. Du erhältst C_1.
5. Du erhältst das gestreckte Dreieck AB_1C_1.

Die beiden Dreiecke ABC und AB_1C_1 sind ähnlich.

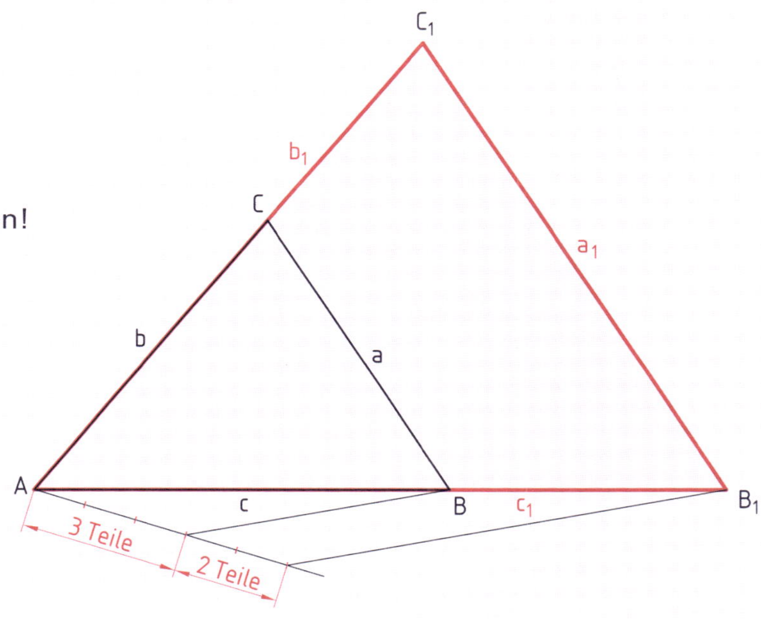

Vom Punkt A gehen die Strahlen aus, auf dem die Seiten c bzw. c_1 und b bzw. b_1 liegen. Dieser Punkt bleibt bei der Streckung gleich. Er wird **Ähnlichkeitszentrum** (Streckungszentrum) genannt.

In der Geometrie wird eine Vergrößerung als **Streckung** und eine Verkleinerung als **Stauchung** bezeichnet.

Strahlensatz

1 Teile die Strecke $\overline{AB} = 54$ mm in 6 gleiche Teile!

2 Teile die Strecke $\overline{AB} = 72$ mm in 8 gleiche Teile!

3 Teile die Strecke $\overline{AB} = 63$ mm im Verhältnis 1 : 2 von innen!
Kontrolliere dein Ergebnis durch eine Rechnung!

4 Teile die Strecke $\overline{AB} = 75$ mm im Verhältnis 5 : 2 von außen!
Kontrolliere dein Ergebnis durch eine Rechnung!

5 Teile die Strecke $\overline{AB} = 81$ mm im Verhältnis 5 : 4 von innen! Kontrolliere dein Ergebnis durch eine Rechnung!

6 Vergrößere das Dreieck ABC (a = 48 mm, c = 55 mm, $\beta = 50°$) im Verhältnis 2 : 3!
(D. h.: Die Seiten des Dreiecks und des ähnlichen Dreiecks verhalten sich wie 2 : 3)

7 Konstruiere ein Rechteck mit a = 45 mm und b = 32 mm und vergrößere es im Verhältnis 4 : 7!
(D. h.: Die Seiten des Rechtecks und des ähnlichen Rechtecks verhalten sich wie 4 : 7)

8 Konstruiere ein gleichseitiges Dreieck (a = 65 mm) und stauche es im Verhältnis 7 : 4!
(D. h.: Die Seiten des Dreiecks und des ähnlichen Dreiecks verhalten sich wie 7 : 4)

9 Konstruiere die gegebene Figur (Maße in mm) und strecke sie im Verhältnis 3 : 5!

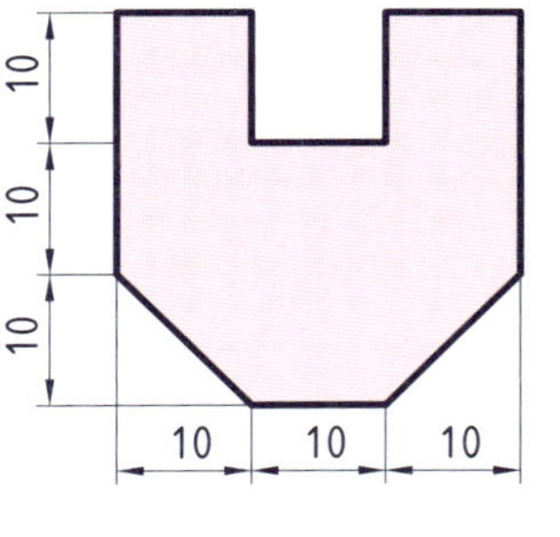

Körper

Gerade Prismen

Ein Prisma ist ein geometrischer Körper, bei dem
- ✓ alle Höhenkanten parallel und gleich lang sind,
- ✓ Grund- und Deckfläche deckungsgleich und zueinander parallel sind,
- ✓ die Seitenflächen Rechtecke sind.

Ein Prisma wird nach seiner Grundfläche benannt.

Beispiele für Prismen

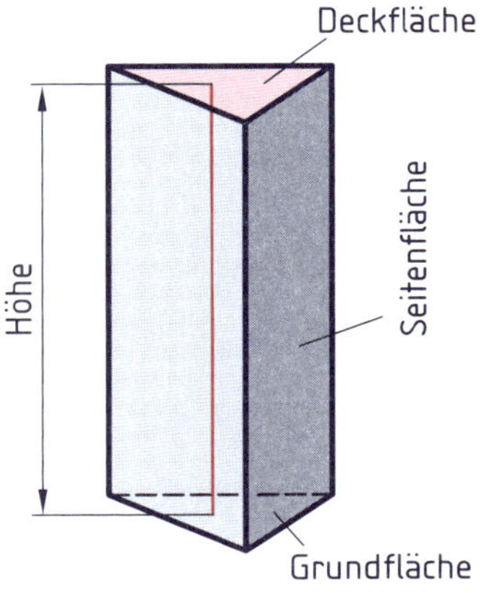

Quader – vierseitiges Prisma, die Grundfläche ist ein Viereck

Würfel – regelmäßiges vierseitiges Prisma, die Grundfläche ist eine regelmäßige Figur (Quadrat)

dreiseitiges Prisma – die Grundfläche ist ein Dreieck

sechsseitiges Prisma – die Grundfläche ist ein Sechseck

Netz und Oberfläche von Prismen

Breitet man alle Begrenzungsflächen eines Prismas in der Ebene aus, erhält man das Netz des Prismas.

Netz eines regelmäßigen dreiseitigen Prismas

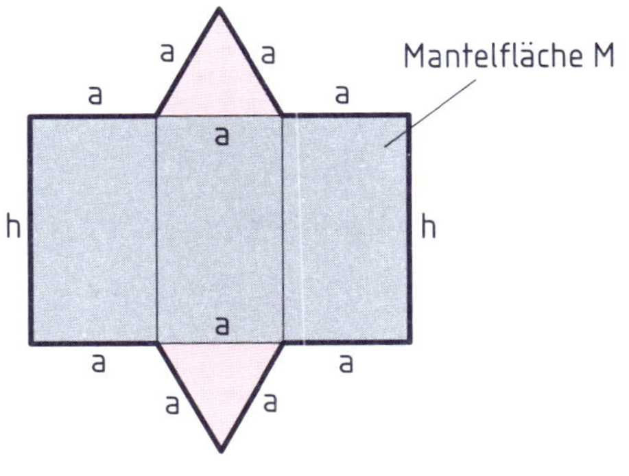

Aus dem Netz lässt sich direkt die Formel für die Oberfläche ableiten.

Die **Oberfläche** besteht aus der Mantelfläche M und 2-mal der Grundfläche G: $O = 2 \cdot G + M$

Die Mantelfläche ist ein Rechteck, das als Länge den Umfang der Grundfläche u_G und als Breite die Höhe h des Prismas hat: $O = 2 \cdot G + u_G \cdot h$

Volumen von Prismen

Für die Berechnung des Volumens gilt:

Volumen = Grundfläche mal Höhe $V = G \cdot h$

Beispiel: Berechne das Volumen und die Oberfläche eines 6 cm hohen dreiseitigen Prismas! Die Grundfläche ist ein rechtwinkliges Dreieck mit den Katheten $a = 4$ cm und $b = 3$ cm.

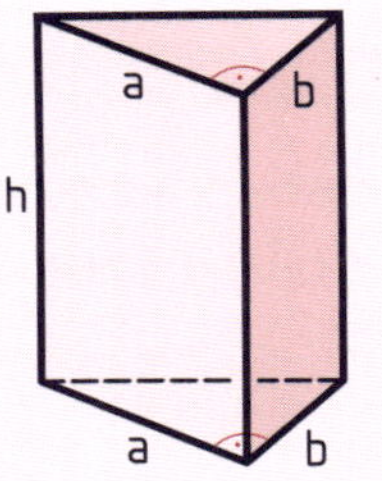

Volumen:

$V = G \cdot h$ Formel

$G = \frac{1}{2} \cdot a \cdot b$ Formel für den Flächeninhalt des rechtwinkligen Dreiecks

$G = \frac{1}{2} \cdot 4 \cdot 3 = 6$

$V = 6 \cdot 6$

$V = 36\ \text{cm}^3$

Oberfläche:

$O = 2 \cdot G + u_G \cdot h$ Für u_G muss die Seitenlänge c der Grundfläche berechnet werden.

$c^2 = a^2 + b^2$ pythagoreischer Lehrsatz

$c^2 = 4^2 + 3^2 = 25$

$c = 5$

$u_G = a + b + c$

$u_G = 4 + 3 + 5 = 12$

$O = 2 \cdot 6 + 12 \cdot 6 = 84\ \text{cm}^2$

Berechnung der Masse

Aus der Physik weißt du, dass man die Masse eines Körpers errechnet, indem man das Volumen mit der Dichte multipliziert.

Masse = Volumen mal Dichte

Formel: $m = V \cdot \rho$ ρ … „rho“: Abkürzung für die Dichte

Anmerkung:
Die Dichte wird üblicherweise in kg/m^3 angegeben. So hat zum Beispiel Eisen eine Dichte von 7 870 kg/m^3, das bedeutet, dass 1 m^3 Eisen die Masse von 7 870 kg hat.
Beachte: Da 1 m^3 = 1 000 dm^3 bzw. 1 dm^3 = 1 000 cm^3
$\Rightarrow$ 7 870 kg/m^3 = 7,87 kg/dm^3 = 7,87 g/cm^3

Beispiel: Berechne die Masse eines Glasquaders mit der Länge $a = 12$ cm, der Breite $b = 6$ cm und der Höhe $h = 2$ cm. Die Dichte von Glas beträgt $\rho = 2{,}5\ \text{kg/dm}^3$.

$V = a \cdot b \cdot h$

$V = 12 \cdot 6 \cdot 2 = 144\ \text{cm}^3$

$m = V \cdot \rho$

$m = 144 \cdot 2{,}5$ Beachte: $2{,}5\ \text{kg/dm}^3 = 2{,}5\ \text{g/cm}^3$

$m = 360$ g Der Glasquader hat eine Masse von 360 g.

Gerade Prismen

1 Gegeben ist ein quadratisches Prisma. Beschrifte im Schrägriss und im Netz die Seiten und die Eckpunkte!

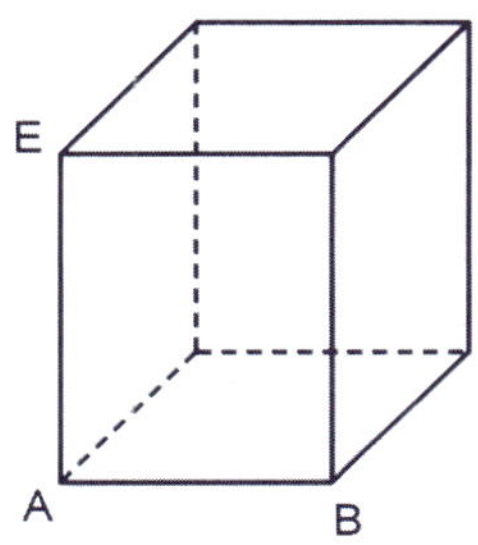

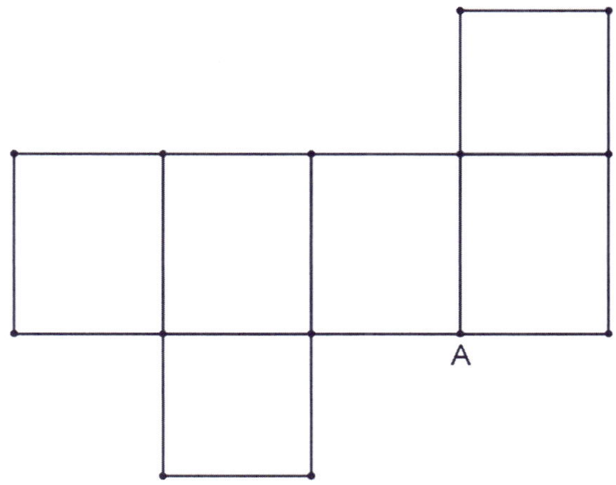

2 Skizziere den Schrägriss eines quadratischen Prismas mit der Grundkante a = 5,2 cm und der Körperhöhe h = 7,5 cm!
Berechne die Oberfläche und das Volumen!

3 Berechne das Volumen und die Oberfläche eines Quaders mit a = 6,5 cm, b = 4,2 cm und h = 7,2 cm!

4 Von einem Quader kennt man die Länge der Kanten $a = 5{,}5$ cm und $b = 3{,}2$ cm sowie das Volumen $V = 114{,}4\ cm^3$. Berechne die Höhe und die Oberfläche!

5 Eine 4 cm dicke quaderförmige Tischplatte aus Holz hat die Länge 140 cm und die Breite 90 cm. Welche Masse hat die Tischplatte, wenn man weiß, dass die Dichte von Holz $\rho = 0{,}5\ kg/dm^3$ ist?

6 Berechne die Masse eines 50 cm langen Eisenstücks (Dichte Eisen: $\rho = 7{,}87\ kg/dm^3$) mit der angegebenen Querschnittsfläche!

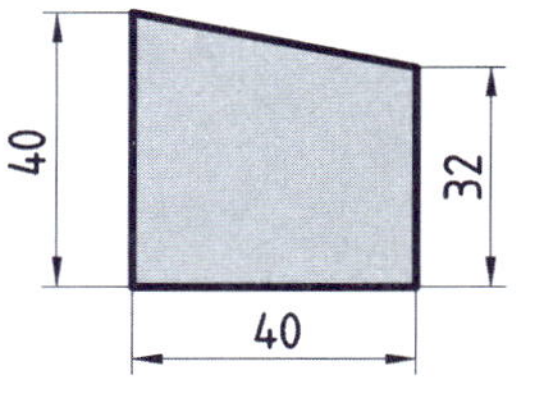

Maße in cm

7 Berechne die Masse einer 1,5 m langen Holzleiste (Dichte Holz: $\rho = 0{,}5\ kg/dm^3$) mit der angegebenen Querschnittsfläche!

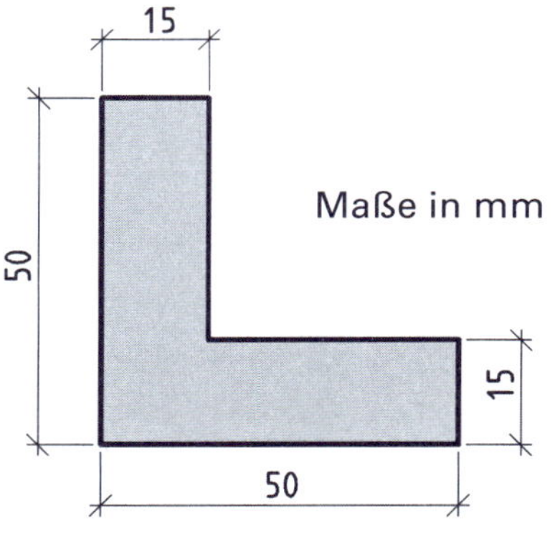

Maße in mm

8 Berechne die Masse eines Begrenzungssteins aus Beton, wenn $1\ dm^3$ Beton ungefähr 2,3 kg wiegt!

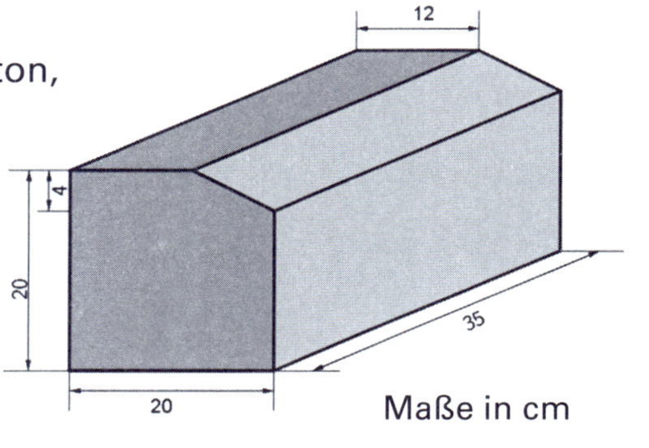

Maße in cm

Gerade Pyramiden

Eine Pyramide ist ein geometrischer Körper, bei dem
- ✓ alle Seitenkanten einander in einem Punkt (der Spitze) schneiden,
- ✓ alle Seitenkanten gleich lang sind,
- ✓ alle Seitenflächen gleichschenklige Dreiecke sind.

Eine Pyramide wird nach ihrer Grundfläche benannt.

Beispiele für Pyramiden

vierseitige Pyramide – die Grundfläche ist ein Viereck

quadratische Pyramide – regelmäßige vierseitige Pyramide, die Grundfläche ist eine regelmäßige Figur (Quadrat)

Tetraeder – regelmäßige dreiseitige Pyramide, alle Seitenflächen sind gleichseitige Dreiecke

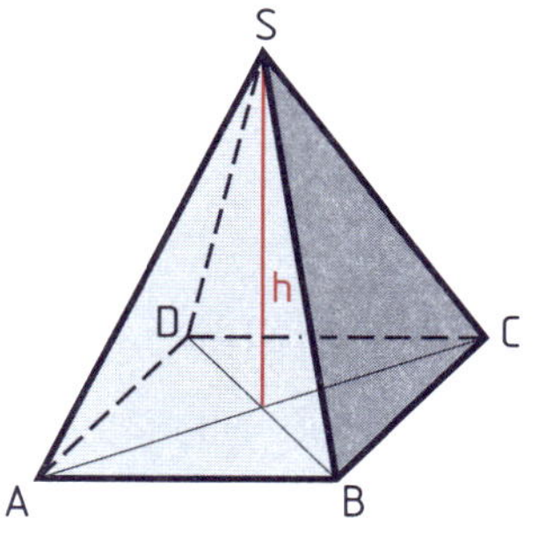

Netz und Oberfläche von Pyramiden

Breitet man alle Begrenzungsflächen einer Pyramide in der Ebene aus, erhält man das Netz der Pyramide.

Netz einer quadratischen Pyramide

Aus dem Netz lässt sich direkt die Formel für die Oberfläche ableiten.

Die Oberfläche besteht aus der Mantelfläche und der Grundfläche, wobei die Mantelfläche aus gleichschenkligen Dreiecken besteht:

$O = G + M$

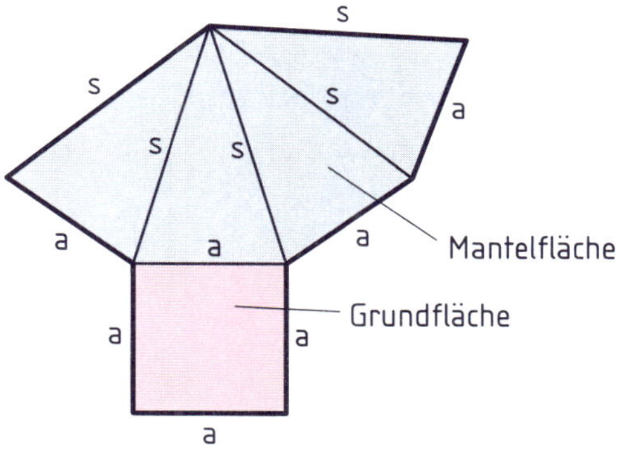

Volumen von Pyramiden

Für die Berechnung des Volumens gilt:

Volumen = ein Drittel Grundfläche mal Höhe $V = \frac{1}{3} \cdot G \cdot h$

Beispiel: Eine vierseitige Pyramide hat als Grundfläche ein Rechteck mit a = 5 cm und b = 4 cm. Die Pyramide ist 9 cm hoch. Berechne das Volumen!

$V = \frac{1}{3} \cdot G \cdot h$ Formel für das Volumen

$G = a \cdot b$ Grundfläche ist ein Rechteck

$G = 5 \cdot 4 = 20$

$V = \frac{1}{3} \cdot 20 \cdot 9$ Einsetzen

$V = 60\ cm^3$ Das Volumen der Pyramide beträgt $60\ cm^3$.

Beispiel: Von einer regelmäßigen vierseitigen Pyramide kennt man die Länge der Grundkante a = 4,5 cm und die Seitenflächenhöhe h_a = 5,2 cm. Berechne die Oberfläche der Pyramide!

Beachte: Eine regelmäßige vierseitige Pyramide ist eine quadratische Pyramide, d. h. eine Pyramide mit einem Quadrat als Grundfläche.

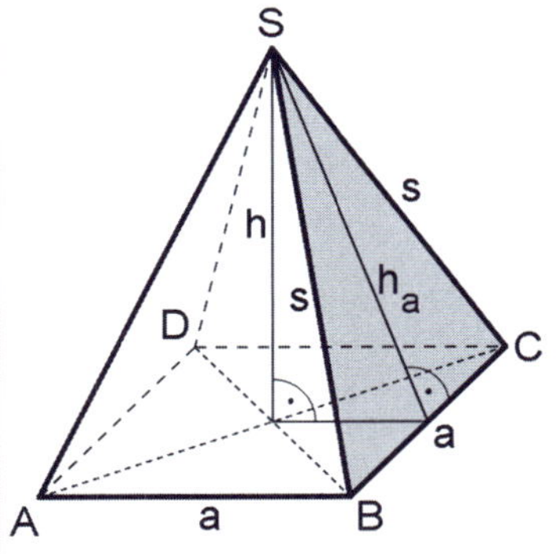

Oberfläche: $O = G + M$

M besteht aus 4 gleichschenkligen Dreiecken.

$A_\Delta = \frac{1}{2} \cdot a \cdot h_a$ $M = 4 \cdot A_\Delta$

$A_\Delta = \frac{1}{2} \cdot 4{,}5 \cdot 5{,}2$ $M = 4 \cdot 11{,}7 = 46{,}8$

$A_\Delta = 11{,}7$

$O = G + M$

$O = 4{,}5^2 + 46{,}8$

$O = 67{,}05\ cm^2$

Beispiel: Berechne die Oberfläche und das Volumen einer quadratischen Pyramide mit der Grundkante a = 6 cm und der Körperhöhe h = 4 cm!

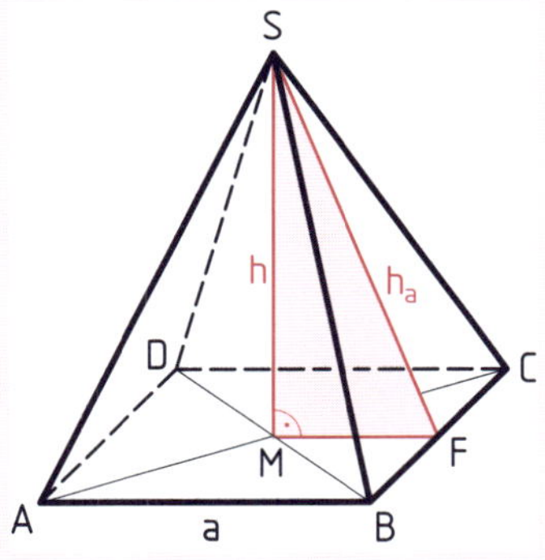

$\overline{MF} = \frac{a}{2}$

Oberfläche: $O = G + M$

M besteht aus 4 gleichschenkligen Dreiecken.
Rechne die Dreieckshöhe h_a mithilfe des pythagoreischen Lehrsatzes aus!

$h_a^2 = h^2 + \left(\frac{a}{2}\right)^2$

$h_a^2 = 4^2 + 3^2$

$h_a^2 = 25$

$h_a = 5$

$A_\Delta = \frac{1}{2} \cdot a \cdot h_a$

$A_\Delta = \frac{1}{2} \cdot 6 \cdot 5$

$A_\Delta = 15$

$M = 4 \cdot A_\Delta$

$M = 4 \cdot 15 = 60$

$O = G + M$

$O = 6^2 + 60$

$O = 36 + 60$

$O = 96\ cm^2$

Volumen: $V = \frac{1}{3} \cdot G \cdot h$

$V = \frac{1}{3} \cdot 6^2 \cdot 4$

$V = 48\ cm^3$

Gerade Pyramiden

1 Gegeben ist eine quadratische Pyramide. Beschrifte im Schrägriss und im Netz die Seiten und die Eckpunkte!

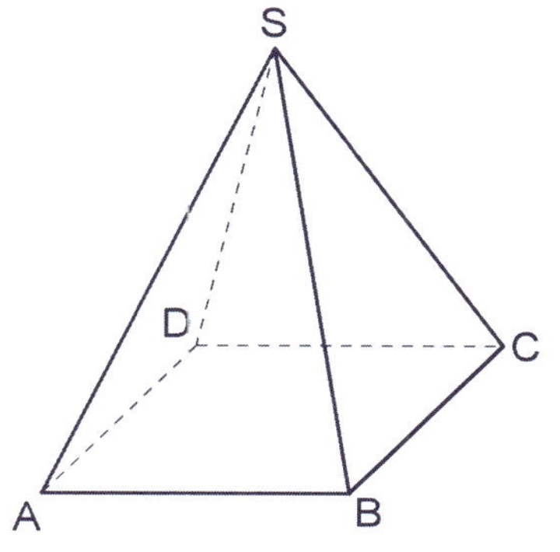

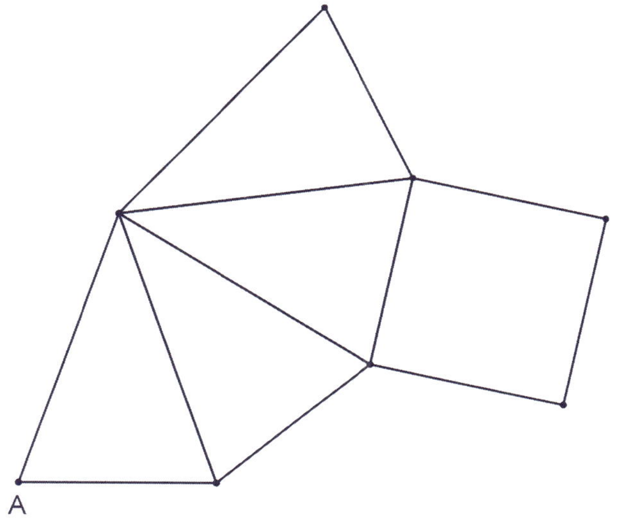

2 Skizziere den Schrägriss einer quadratischen Pyramide mit der Grundkante $a = 4$ cm und der Körperhöhe $h = 6{,}5$ cm!
Berechne die Oberfläche und das Volumen!

3 Die Cheops-Pyramide in Gizeh (Ägypten) ist eine quadratische Pyramide mit einer Grundkante a von ungefähr 230 m und einer Körperhöhe h von zirka 138 m.
Welches Volumen hat diese Pyramide? Wie groß ist eine Seitenfläche?

4 Vielleicht warst du schon in Paris. Im Innenhof des Louvre, eines der bedeutendsten Museen der ganzen Welt, steht eine Glaspyramide, die als Haupteingang für das Museum dient. Diese quadratische Pyramide hat eine Grundkante von 35,42 m und ist 21,65 m hoch. Berechne die Größe des Innenraums der Pyramide! Wie groß ist die Glasoberfläche (=Mantelfläche)?

5 Eine Pyramide hat eine rechteckige Grundfläche ($a = 4$ cm, $b = 3$ cm) und eine Höhe $h = 8$ cm. Fertige zunächst eine Schrägriss-Skizze an und berechne dann das Volumen und die Oberfläche!

6 Von einer quadratischen Pyramide kennt man das Volumen $V = 500\ cm^3$ und die Länge der Grundkante $a = 5$ cm. Berechne die Höhe h!

7 Von einer quadratischen Pyramide kennt man das Volumen $V = 1$ l und die Länge der Höhe $h = 8$ cm. Berechne die Länge der Grundkante a! (Beachte: 1 l = $1\ dm^3$)